驚豔品牌

一出手，就令人 WOW

張宜真 著

目錄

推薦序

Chapter 3
領導力

發揮領導力，
打造高效能團隊

Chapter 4
溝通力

培養精準溝通力，
成功翻轉人生

透過創意和執行力，
打造中國醫藥大學新竹附設醫院傑出品牌

蔡長海（中國醫藥大學暨醫療體系董事長）

中國醫藥大學醫療體系，不斷創新、追求卓越，積極發展成為優秀的國際一流醫學中心。由於新竹地區大型醫療機構不足，急重症病人必須遠道求醫，我們特別來到新竹縣，讓新竹鄉親能享有更方便與更高品質的醫療服務，我們也希望結合醫療與科技產業相互合作，打造卓越有特色的「新竹健康產學園區」。

中醫大新竹附設醫院成立以來，以「救急、救腦、救心、救命」為使命，提供急重症醫療，並且發展特色醫療，在「腦中風、癌症、心血管疾病」方面有豐碩的成果。同時，也積極發展細胞治療及人工智慧醫療，建構 Smart AI Hospital，希望發展成為國際一流的醫學中心等級醫院。

本書的作者張宜真，目前為中國醫藥大學新竹附設醫院品牌行銷公共事務執行長，透過他的創意和執行力，大幅提升醫院的知名度和良好形象。宜真執行長，曾經擔任電視台記者，跨域到新竹縣政府服務，再轉換跑道到中醫大新竹附設醫院，善用他的

新聞敏銳度以及人脈，每週至少報導一篇新聞，製作節目，拍攝短影音等，成功的媒體行銷衝上全國版，每年用心規劃活動，創造亮點，讓新竹附醫獲得病患和家屬的肯定，成功打造醫院優質服務的傑出品牌。

宜真執行長將累積 30 年的職場經驗，在此書中與大家分享，談「品牌力、行銷力、領導力、公關力、溝通力、快樂力」，具備創新獨特的思維，深具價值，可以提供給讀者深入的思考和學習，在許多關鍵時刻，做出最佳的判斷和處理，掌握契機，創造優勢，提升競爭力，實現精彩的人生。

特此推薦，並祝福宜真執行長新書發表順利且成功，為更多人帶來新的啟發。

善用競爭優勢，
像鑽石一樣閃閃發光

邱鏡淳（前新竹縣長）

我在擔任立法委員時，宜真執行長主跑立法院，負責立法院連線，當年被稱為「立院一姊」，可見當時宜真執行長在媒體界的影響力。之後，在好友謝佳凌引薦下，得知宜真執行長因為要照顧小孩，想回到新竹工作，我立刻延攬他擔任機要祕書，主要處理縣政府新聞媒體公關。

宜真執行長善用媒體經驗，將縣政府當作電視台操作，每一天都會安排新聞，將縣府的政策或是活動，天天攻上新聞版面，讓民眾了解縣政府為縣民做了什麼。同時，他還成立影音小組，培養文字和攝影人員，比照電視台模式，製作成影音新聞在網路播出，也規劃《鄉親大小事》節目，鄉親的小事，就是縣府的大事，專訪關鍵人物行銷新竹縣。

我非常肯定他在機要祕書的表現，因此，拔擢他為文化局長，不過，宜真執行長是閩南人，並不熟悉客家話，當接下文化局長位置，他必須面對質疑聲浪，但是，我看到他的堅毅和韌性，默默做事，一次又一次，以實力證明一切，把新竹縣帶向國際舞台。打出「連

結在地、接軌國際、文化創新」的施政主軸，規劃策展創新活動。

隨著我卸下縣長職務，宜真執行長也轉換跑道到中國醫藥大學新竹附設醫院，擔任品牌行銷公共事務執行長，跨入他非常陌生的領域，我再次看見他善用自己的競爭優勢，在職務上閃閃發光，透過新聞媒體行銷，和自製節目《宜真醫週報》以及《醫起 go 健康》，建立中醫大新竹附醫品牌。在面對高齡化社會，以及 AI 新時代來臨，預防醫學非常重要，期勉他繼續發揮記者魂，介紹中西醫整併醫療新知，衛教民眾，守護大家的健康。

宜真執行長從閃耀的媒體圈進入公部門，我看見他「換了位置，也換腦袋」，之後，從文化局長到執行長，再度從鎂光燈焦點退居到幕後，但是他依然閃閃發光，展現「高潮謙卑，低潮平靜，蹲下，是為了再躍起」。人生中的高低起伏，相信他點滴在心頭，才能淬鍊出這本書。恭喜他出了人生第一本書，我非常引以為傲，也鄭重推薦給大家。

來新竹最棒的事情，
就是請到「他」

陳自諒（中國醫藥大學新竹附設醫院院長）

我在 2020 年 12 月 15 日舉辦完兩週年的院慶，在臉書寫下「來新竹最棒的事情，就是請到他」，指的就是宜真執行長。

從創院迄今，宜真執行長以過去在媒體的經驗和人脈，善用競爭優勢，新聞媒體行銷能力，每週至少幫醫院和醫師發一則新聞，週週發稿而且報導率百分百，應該創下醫療界的紀錄。尤其，剛創院期間，新醫院需要大量曝光，因為宜真執行長認真發稿，行銷醫院，將醫院的醫療服務和醫療特色，鉅細靡遺介紹，自製醫療節目《醫起 GO 健康》，更和在地亞太電台 FM92.3 合作《宜真醫週報》專訪醫師，我們在很短的時間，建立正面形象，打響知名度，贏得病患和家屬的信任

宜真執行長除了「新聞魂」，更重要的是他的媒體人脈，從中央到在地媒體要採訪醫師，第一時間幾乎都會想到本院，醫院的新聞常常登上新聞版面的 C 位，甚至衝上平面媒體全國版和全國電視台。宜真執行長在書中，特別分享他的媒體新聞行銷力和如何和媒體打交道成為好朋友，毫無藏私提供攻略。

宜真執行長秉持記者魂，交辦事項「使命必達」，執行力超強，

果然是「執行長」，他擅長規劃記者會或是舉辦活動，成果都讓我驚豔，創院以來的院慶，每一年都有新聞梗，屢屢登上新聞版面。他也多次擔任重要活動或是記者會主持人，展現主持功力，炒熱現場氣氛，活動流程非常順暢，有他在，我都可以非常放心。

套句他常說的：「老闆用走的，他要用跑的；老闆用跑的，他要用飛的；老闆用飛的，他要搭太空梭。」以老闆思維思考，想在老闆前面。我印象很深刻，有一次我出席某單位舉辦的開幕記者會，當時記者出席非常踴躍，當要拍照的一刻，我看他動作快速，和記者拚卡位，佔到 C 位，目的是要幫我拍下啟動儀式的那一刻，讓我非常驚訝。他並不會仗勢是「執行長」，反而起身自己動手做，是一位為老闆赴湯蹈火的女戰神。

宜真執行長精準的溝通力，也是值得學習。他會定時回報工作內容，讓我掌握進度，尤其會先講結論，再列舉 1、2、3 等重點，讓我在繁忙的公務中，可以快速精準掌握。這本書累積宜真執行長過去 30 年的工作經驗，包含品牌力、行銷力、領導力、溝通力、公關危機處理能力，以及他的生活智慧快樂力。想要讓自己在職場發光發亮，這本書絕對值得好好拜讀，相信會得到不少「武功祕笈」。

醫師該學習的醫療行銷密碼

林家億（新竹市診所協會理事長／新竹億安診所院長）

能為我的好朋友宜真執行長寫這篇推薦序，我感到非常榮幸。大家認識他，可能是透過電視新聞或他在文化局任職時的表現，而我與他真正結識，則是在他轉換跑道投入醫療體系之後。醫療行銷不同於一般產業，不僅要求高度專業，還有「白色巨塔」的距離感，使得這個領域並不容易駕馭。然而，宜真執行長憑著那股堅韌不拔的精神和不服輸的個性，再加上他在媒體圈的豐富經驗，在完全沒有醫療背景的情況下，依然在醫療行銷領域闖出了一片天。

2021年，宜真執行長代表中醫大新竹附醫來我們億安診所，進行基層診所的交流拜訪，之後我也有幸參加他的《宜真醫週報》廣播節目，親身感受到他的專業和充沛活力。這些經歷讓我對他的才華與毅力有了更深刻的體會。

說真的，這本書真的寫出了我們醫師的心聲！到底什麼樣的題材，才能吸引媒體的注意？新聞稿到底要怎麼寫，才能提高見報率？還有，最頭痛的就是遇到醫療糾紛或是負面新聞時，到底該怎麼處理，才能降低傷害？這些問題，我相信所有醫療院所的經營者和第一線的醫師們都非常關心。

宜真執行長在書中分享了許多他經手過的醫療行銷案例，其中讓我印象最深刻的是，心臟血管科林圀宏醫師，有特殊字「圀」，以說文解字的方式引起媒體關注。這個案例讓我想到，其實很多時候，我們只是缺少了一個「說故事」的角度。只要用心觀察，每個醫師都有他的專業和特色，只要找到對的方法包裝，就能讓更多人看見。

　　另一個讓我印象深刻的案例是，他分享了如何結合當時的時事議題，例如台灣發起「吃鳳梨挺農民」的行動，醫院可以結合營養師的專業，將鳳梨的營養價值和料理方式融入新聞報導中。這個案例讓我學到，醫療行銷不應該只是關在醫院裡閉門造車，而是要走出去，關心社會脈動，才能讓醫療議題更貼近民眾生活，引起共鳴。

　　當然，書中也分享了許多實用的技巧，像是如何寫出吸引媒體報導的新聞稿、如何舉辦成功的記者會、如何應對負面新聞等。宜真執行長毫不藏私地將這些實戰經驗分享出來，我相信對於所有想提升醫療行銷能力的人來說，都會是非常寶貴的參考。

　　我認識的宜真執行長，就是一個這樣熱情又真誠的人，他總是願意幫助別人，而且總是熱情樂觀。這本書就像是他本人一樣，充滿了實用的資訊和滿滿的正能量。我相信，只要用心閱讀，一定可以從中獲得許多啟發，讓你在醫療行銷的路上走得更順遂！

新竹附醫成品牌醫院，
宣傳行銷功不可沒

洪才力（新竹縣醫師公會理事長）

　　第一次遇到宜真執行長是在中醫大新竹附醫剛成立的時候，當時為了與院方合作推動分級醫療雙向轉診，跟隨新竹縣診所協會麥建方理事長一起拜會陳自諒院長。會談中除了瞭解陳院長的救心救腦救命救急的志向，也感受到院方希望與基層院所共同建立在地醫療的心意。此次會議中對明亮耀眼的宜真執行長，及整個會面的安排過程，感到深刻的印象。會後才知道宜真執行長竟然是具有新聞媒體專業的前新竹縣文化局長。當時心中覺得陳院長獨具慧眼，竟能找到這樣的專家，中醫大新竹附醫一定很快地發光發亮。

　　在建立好雙向轉診合作模式之後，後續只要診所或病患有需要，就能經由轉診綠色通道順利就醫，更重要的是院方在診療病患後，會將個案處理結果轉知原轉介院所，或下轉回原診所，讓病患、診所及醫院三方共榮，宜真執行長成功扮演溝通的角色。後來又發現院方的每月門診表都有精彩的內容與醫師介紹；每當有重大時事時，媒體就會報導中醫大新竹附醫醫師專家的意見；以及每週的《宜真醫週報》，在在展現了宜真執行長的戰鬥力。中醫大新竹附醫能

在新竹成為主要品牌醫院，除了本身具有醫學中心的實力外，宜真執行長的宣傳行銷能力功不可沒。

這本書是宜真執行長這些年在醫院品牌行銷的精髓，除了記錄每一個階段的過程，也記錄了他的理念與心得。除了對醫療院所、企業行銷有幫助外，也對個人形象價值的建立，有大大助益。同時，宜真執行長也建立了他的個人形象品牌。看完這書之後，令人產生想要立即改變調整的動機與作為。

跟張宜真一起
「正向思考、樂觀積極、助人為善」

丘宏昌（國立清華大學科技管理研究所教授）

認識宜真執行長已好幾年了！很開心宜真將他豐富的經歷寫成這本書！說故事，一直是我覺得最動人的溝通方式。這本書最大的特色，就是從宜真執行長親身經歷的一個個故事，歸納出他獨特的競爭優勢與管理智慧。相信所有認識宜真的朋友看完這本書後，一定跟我一樣十分認同，並產生共鳴；也相信所有不認識宜真的朋友看完這本書，都能從他「正向思考、樂觀積極、助人為善」的價值觀，獲得許多的啟發！

舉例來說，書中有許多故事都真實呈現宜真執行長樂觀進取的價值觀。譬如他在書中的一小段故事：「我通常被拒絕三次，才會真正死心。被拒絕一次，我會再試一次，動之以情，也許對方還在猶豫思考，當其他人都選擇放棄，我會繼續積極爭取，也許就能成功。再試一次，換個角度繼續溝通，試圖創造雙贏。」這種創造雙贏與多贏的商業模式思維，以及超強的執行力，除了可供個人層次進行反思外，即使是擴大到企業層次也同等適用！

跟宜真執行長是在他就讀清華大學認識的。由於課堂中多以哈

佛商學院的個案來進行討論，當時就注意到宜真常提出獨到的見解與洞察。然對他個人的瞭解，則是從一些媒體與朋友得到片段的資訊。這次一次完整看完他的故事，更十分佩服他從他敏銳的品牌溝通能力角度出發，挑戰並適應不同環境，持續在電視台、政府機構、醫院等各種組織學習，並替這些機構創造更大的價值。更重要的，他幫助了更多需要幫助的人！這是實踐清華校訓「自強不息、厚德載物」的最好方式。

　　最後，我非常感佩宜真執行長這麼多年來，對周遭朋友與社會持續的付出！我也非常開心，能跟宜真執行長在清華大學共同學習、討論與成長。能跟比我更優秀的宜真一起交流學習，真是我的榮幸！

人脈，不是你認識多少人，
而是你幫助過多少人

謝文憲（企業講師／作家／主持人）

我跟宜真在幾次的演講場合相遇，但我沒他講的這麼好。我就只是一如往常的來者不拒，無論簽名、合影、閒聊，在時間允許情況下，我能做的，我會盡量做，這跟我擁有多少粉絲，或是多有名，一點關係也沒有。

今年六月，因為太太眼睛手術，透過知名眼科醫師張聰麒的協助，太太得到很好的醫療照護，加上郭于誠醫師和執行長張宜真在新竹附醫的悉心照料與關愛，太太首度察覺我付出這麼多時間在朋友間的穿梭，也讓他在緊張恐懼之餘，得到很棒的照護。

我好有面子。

我在宜真身上看到四個特質：「與其更好，不如不同」、「堅持的執行力」、「低潮平靜，高潮謙卑」以及「他對人很好」，這是他的天職，更是他的天賦，這跟他常年在媒體與政府單位工作有很大的關係。看完本書我才察覺，他的好或許是與生俱來，更是他對事物的敏感度，這種敏感度，你只要學會一二，就能在職場以一擋百。

我推薦本書，易讀易懂易吸收。

美得無與倫比
的熱情

吳家德（NU PASTA 總經理／職場作家）

認識宜真的緣分，是一連串美麗的過程。

2021 年的夏末，我出版《不是我人脈廣，只是我對人好》。到了初秋，好友憲哥邀請我去上他在環宇廣播電台的節目。出書，然後上憲哥的節目，一直是我打書的標配。書多賣幾刷不重要，重點是與憲哥暢聊人生，才是過癮的事。

這一集節目播出後，宜真來加我臉書。我猜想，他應該是聽到節目才來加我臉書的。經過詢問，真的沒錯。就這樣，我們認識的緣分始於空中，也在虛擬的臉書世界成為臉友。

但何時落地，成為真實生活的朋友呢？我覺得這就要靠雙方的「意願」與「積極度」了。我的臉書是一個與人連結的門面，任何人都可以大剌剌地走進來。或許宜真聽完我在節目的訪談，覺得對我好奇，他便上我的臉書一窺我的世界。

因為他有意願，也很積極，讓我們有機會從臉友變朋友。他詢問我，可以到新竹上他的《宜真醫週報》廣播節目嗎？我二話不說，馬上答應。他對我又更加好奇了，心想，我怎麼可以這麼熱情，又

愛交朋友。

我常說，在人際關係的維繫上，可以見面就不要只是電話，可以電話就不單只用文字傳訊息。但在這個觀念的前提是要「有禮貌」，才會讓人感到舒服沒有侵犯性。

依約定，我專程到新竹與宜真第一次見面。而他也非常有禮，善盡地主之誼開車接送我。因為我們年紀相當，也都不是第一天出來混江湖，對彼此人格特質的認知，應該有一定的了解。

宜真熱情、大方、愛笑，是你和他短暫相處，就能發覺他身上很鮮明的印記。再經由這幾年幾次的實體活動接觸，我發現，宜真的人緣極佳，對於生活與工作的平衡，也是上班族的典範。

看完一篇篇宜真的書稿，你會開始去反思自己的人生，是否可以像宜真的人生如此燦爛美麗、熱情有勁。雖然生活的過程，也會跌跌撞撞，也有驚險萬分的劇情，但這都不失一齣精采的人生大戲。

這本好書，讀來回韻無窮，深受啟發，值得與您分享。

花若盛開，蝴蝶自來

郝旭烈（暢銷作家／企業講師／《郝聲音》主持人）

宜真在我心目中，就是充滿著「成長性思維」，而且美麗與智慧兼具的女孩兒。

從他在當記者生涯，那種與時間賽跑的拚勁，在非常短暫分分秒秒裡，不僅要專注所有受訪者又或者是採訪現場的方方面面。

更是要在採訪過後，迅速將所有資訊在腦中集結成清晰脈絡架構，最後更要變成大眾容易理解，且吸引人心的新聞報導。

如此快、狠、準的長期訓練，以及刻意練習，也造就了他一雙與眾不同的眼睛；當面對即使同樣的人事物，可以有異於常人的洞察力以及底層邏輯。

好學不倦的宜真，從專業記者生涯到公部門的文化局局長，再到醫院的公關執行長，這所有的變化，在別人看來不可思議的斜槓職涯，都成為他多元人生的最佳養分。

雖然在整個工作的轉換過程當中，免不了會有高低起伏的情緒動盪，但是就像他說的：「只要相信自己的價值，肯定自己的付出，就一定能夠讓別人看見自己的美好。」

所以他把「花若盛開，蝴蝶自來」，永遠當成是給自己最佳鼓勵的期許。

身為品牌推動的執行長，對他來說，讓醫院又或者是醫生被看見，不僅是一份工作，更是一份志業。

畢竟「醫療」是為病患救死扶傷，以及為病患家屬安心撫慰情緒很重要的一件大事。

而其中最重要的關鍵，常常也是和時間在賽跑，和記者時期高效率、高效能的追求，幾乎是如出一轍。

所以，怎麼樣透過「品牌」力量，有效且精準地把醫院和醫生價值，傳遞到有需要病患及其家屬心中，讓病患能夠在最適當時間之內，接受應有的醫療照護，那麼便是最大的功德一件。

因此就像宜真所言，不管是記者也好，又或是品牌執行長也罷，他工作其實都是一如既往的為了「精準溝通」。

不管做什麼樣的工作，不管遭受什麼樣的眼光，只要是堅信能夠提供給別人價值，只要告訴自己是走在正確的道路上面，那麼他就會勇往直前、無怨無悔。

因為他相信～

花若盛開，蝴蝶自來。

認識自己、
相信自己一路乘風破浪

曾培祐（注意力設計師）

　　我和宜真執行長雖然只見過兩次面，一次他邀請我去中國醫藥大學新竹附設醫院演講，一次是我上他的廣播節目《宜真醫週報》，但是我們在網路世界認識超過三年，在疫情最嚴重的那段期間，我開始成立線上讀書會，在同一時期，宜真執行長加入我們讀書會社群，每週在線上聽我說本書，宜真執行長加入三個月後，我就對他印象深刻，因為每次讀書會一定準時出席、發言討論踴躍、聽完書寫心得也是每次都準時交稿，幾乎沒有遺漏，我必須誠實地說：「持之以恆的堅持，這真的很難做到，幾百位參加讀書會的夥伴，能做到的不超過三十位！」但宜真執行長做到了，所以，我非常佩服，也對他印象深刻。

　　有幸提前拜讀此書，我終於明白：為什麼執行長能夠如此有毅力，而且始終能做出好成績？我覺得關鍵就是八個字：「認識自己、相信自己。」先說前四個字「認識自己」，當你讀這本書時，你會發現執行長在人生不同階段，分別從事不同的工作，但不管是哪一份工作，他都會不斷提醒自己：「我的優勢是新聞行銷，不管現在

我的職責是什麼，只要有機會行銷，我就要盡力做到，因為這樣才能突顯我的不一樣。」正是因為這樣的認識自己，讓執行長在不同崗位，都能出類拔萃，始終被人看見，成為耀眼的一顆星。再說後四個字「相信自己」，書裡有一段我讀來非常揪心：「前一份工作有祕書、有許多團隊夥伴，任何事情只要我構思出想法，就有許多人可以去執行；轉換到這份工作，整個辦公室只有我一個人，有一天我要印份文件，赫然發現辦公室連台影印機都沒有，那時眼淚都要掉下來。」看到這邊真的為執行長感到心酸，但是書裡筆鋒一轉：「我深呼吸一口氣，我的優勢是新聞行銷，只要我持續凸顯優勢，際遇一定會慢慢改變的。」這就是相信自己，相信自己的優勢可以扭轉各種不同的頹勢，而這八個字讓執行長一路走來乘風破浪。

許多人說現在是一個不景氣的時代，工作不好找，找了不好做，做了薪水也低，更多時候是找不到工作的意義，每天工作都很無力，這時候宜真執行長出版此書，更顯彌足珍貴，書裡每一個執行長的親身經歷，都不斷提醒我們：如何認識自己的優勢，相信自己的努力，可以創造優勢，扭轉頹勢。

真心推薦這本充滿能量以及實用方法的好書！

張宜真，
打造自己獨一無二的品牌

藍如瑛（環宇廣播電台節目主持人／《職涯勝經》作者）

其實，一直到今天，我跟宜真還不是很熟。

但我卻如此榮幸，為他人生第一本書撰寫推薦文。

一次與電台同事參加台積電文教基金會的藝文活動，同事為我介紹了一對盛裝出席的姊妹，妹妹就是張宜真，第一印象，美美的，打扮美美的，笑容美美的，直覺他是很重視形象的公關人。

我的廣播節目《藍老師生涯學堂》新增【健康百分百】系列，同事跟我推薦要約醫師找張宜真就對了。我跟宜真，正式加了Line。果然，他推的醫師不僅專業強、口才佳，配合度也好。

突然，宜真說想來上我的廣播節目，他的主動積極令我印象深刻。再次見面，他口口聲聲說很欣賞我，我是他學習的榜樣。雖然知道這應該是禮貌性的話，但他的讚美功力，我心裡還是喜孜孜的。他說他有一個夢想，想跟我一樣出書。我跟他說：「有夢想就去做啊，你可以的！」

剛好我的書《職涯勝經》的出版社總編輯賈俊國，有一回約我

在竹北見面。我想起了在竹北中國醫藥大學新竹附設醫院服務的宜真。我主動問他：「宜真，你真的想出書嗎？」宜真：「是啊！好感動藍老師還記得我的夢想！」於是，我向賈總編極力推薦宜真。

前前後後我介紹了四位想出書的朋友給賈總編，只有宜真，付諸行動並全力以赴。

半年多左右的時間，經常透過臉書看到宜真繁忙的工作，和多姿多彩的生活，沒想到他居然還完成寫書這項看似簡單其實艱鉅的任務，真是令人佩服。

恭喜宜真夢想成真！我記得他說，他希望能有機會跟我一樣到處演講。藉由這本這麼有品牌特色的書，相信他到處演講的夢想即將實現。願宜真一直閃閃發光！

快狠準新聞魂，
扮演稱職化妝師，成功拆彈

黃樹德（《中國時報》社長／總編輯）

　　欣聞宜真執行長新書付梓，與宜真相識多年，從電視台記者轉換跑道至公部門，又跨入醫療體系的全新領域，宜真對工作的執著與全心投入的堅持態度，令人感動。本書可謂是行銷領域的實戰寶典，宜真從新聞人的敏銳觀察力切中媒體關係、危機處理，並用口語化、故事敘述呈現專業、艱澀的醫療新聞，對有志從事相關領域的人來說，絕對是過來人珍貴的經驗談。

　　採訪工作不怕沒新聞，只怕沒有好新聞，宜真秉持媒體的「新聞鼻」，發掘出許多醫師「壓箱底」的好新聞，在本書第二章中有精彩的描述，有時看他靈機一動，就創造出許多生動有趣的好新聞，也成為新聞媒體選擇報導的好素材。擔任中國醫藥大學新竹附設醫院公關執行長，宜真堅持每週至少發一則新聞，從醫院大小事到節日應景衛教宣導，除了議題內容有新聞梗之外，媒體公關經營更可看出宜真的用心。

　　從公部門跨領域至醫療體系，宜真除了扮演稱職的化妝師，對於管理哲學的探究，也是本書精彩篇章，第三章中有一句經典名言：

「老闆用跑的，你要用飛的；老闆用飛的，你要搭太空梭。」充分展露宜真媒體人求快、求準、求好的DNA。管理學中有一句玩笑話：「不能解決問題，就解決提出問題的人。」但在宜真的哲學中，他所營造的企業文化是幫助人解決問題，重點是解決問題，而不是推來推去。

　　站在公關危機處理的第一線，宜真總是親力親為，特別對於一些較重大的負面危機，宜真都親上火線，這些難得的經驗都體現在他「公關危機處理七步驟」上。也正因為宜真是媒體記者出身，轉換跑道後堅持用真誠與信任與媒體做朋友，對外（媒體關係）、對內（職場倫理）管理分寸都精準掌握。

　　採訪工作必須「先新聞後立場」，媒體工作者要先用新聞的角度來處理事件，而不是先考慮有什麼立場自我設限，也正是這樣的觀念養成，讓宜真在不同領域的職場中從不畫地自限，把不可能變為可能、重新出發，相信本書的讀者一定能從他精彩的個人經歷中，獲得人生職場寶貴的經驗。

難怪氣場很強……
以差異化競爭優勢建立獨特品牌

王慰祖（《醫藥新聞週刊》發行人／社長）

雖然最近五年才認識中國醫藥大學新竹附設醫院品牌行銷公共事務執行長張宜真女士，但是很快的，我就成為他的粉絲。

原因很簡單，我從這位美女執行長的身上看到如何找出自己的競爭優勢，打造獨一無二的品牌力，而且發揮得淋漓盡致，我想這就是為何中國醫藥大學新竹附設醫院這家在新竹插旗僅五年多的醫院，能夠在新竹這個含金量最高的地區，贏得民眾認同的原因之一吧！

第一次見到張宜真執行長是在五年多前，我帶著記者特地到竹北新設立的中國醫藥大學新竹附設醫院採訪老朋友——陳自諒院長，當時院長介紹他時說：「宜真是我們從新竹縣政府挖來的寶，以後由宜真負責本院的媒體公關，他之前擔任新竹縣政府文化局長……」

在醫療圈 30 年了，第一次聽到一家醫院的公共事務部門主管是文化局長背景，實在很難將「公共事務」與「文化局長」聯想在一起，會不會是過度膨脹自己？雖然當時沒有想太多，但是對於這位「美女執行長」的第一印象就是「氣場很強」。

因為受邀寫推薦序，所以我比讀者幸運的是可以先睹為快。書中提到，宜真從媒體、新竹縣政府機要祕書、新竹縣文化局長再到

醫院執行長，從媒體鎂光燈焦點到幕後，從公開場合坐在縣長旁邊的 C 位，到跨入一個自己全然陌生的醫療圈重新歸零。即使少了光環，但是他仍然堅持做一件事，就是善用自己的競爭優勢，也就是媒體行銷與公關危機處理能力，從媒體記者到協助縣府、文化局和醫院，將正面新聞小事極大化，負面新聞大事化小。

書中提到，宜真初加入醫院團隊時，即使是陌生的場域，記者對於新聞的敏銳度，讓他立刻嗅到自己可以切入的點，也就是新醫院、新醫師、新儀器，非常具有「新」聞性，讓他的記者魂上身，一週發布一到兩則醫療新聞，完全打破當時的醫療媒體生態，加上過去累積在地的媒體人脈，讓每則新聞報導率都是百分百，週週上新聞，有時候還衝上全國頭版頭，對於一家從台中跨域到新竹剛要站穩腳步的醫院來說，成功搏得版面，這是砸再多錢打廣告都做不到的呀！

難怪陳自諒院長曾說：「來新竹最棒的事，就是請到他（張宜真）」。

令我佩服的是，宜真執行長從媒體圈、政壇到文化再至醫療界，即使斜槓人生跨領域跨很大，但是他始終堅持做一件事，就是善用自己的競爭優勢，找出自己最擅長且別人無法做到的，做出差異化的競爭優勢，而且不斷墊高競爭門檻，建立自己獨特的品牌，我想這就是他能夠成功的因素。

在此預祝美女執行長的新書大賣，讓張宜真再多一個「美女暢銷作家」的頭銜。

以新聞天賦成就專業，
以善念打造美麗人生

高明慧（三立媒體集團總經理）

　　我和宜真在三立電視台共事，他當時負責立法院連線，在開議期間總是快狠準地將立院第一手訊息傳遞給觀眾，要看立法院最速報，看三立就對了。我佩服他的工作態度，認真、負責、專業，就算懷孕，還是挺著大肚子繼續在立法院「跑」新聞，懷孕兩次，依舊追趕跑跳，因為，新聞是他熱愛的工作。

　　為了要照顧兩個小孩，宜真決定離開媒體圈，剛開始只想找個簡單工作領個微薄薪水，能補貼家用，讓他專心當媽媽就好。但就如他所說的：「花若盛開，蝴蝶自來。」宜真的新聞魂和熱情專業，讓他無論轉戰任何職位，都能脫穎而出。

　　從新竹縣政府到文化局，再到中國醫藥大學新竹附設醫院，他把新聞魂發揮得淋漓盡致、他總能嗅出任何「新鮮」、「新奇」和「新創」的點子，加上新聞從業人員常年訓練出來的效率和節奏，讓宜真執行力十足，雖說是轉職擔任局長或執行長，但他親力親為，自己做採訪自己寫稿，就像一個擁有初心的記者，有源源不絕的好奇心，但同時有著豐富閱歷的老靈魂，指引著他在正確、美善

的道路上奔跑。

在這本書裡，宜真打開他自己，真誠地把他的精彩人生分享出來，每個故事每個個案，甚至每個相遇，都是他的實戰經驗淬鍊出來的心法，這不是一本用理論跟道理教導人的成功學，而是一個個真實故事，真情投入淬鍊出來的陪伴守則。

宜真勾勒出一個精彩人生，無論高山或低谷，只要秉持著正念，我們都能創造出自己的品牌力、影響力。這本書也非常好讀，有著新聞人書寫的生動俐落的特色，無論你是從事公關或是危機處理的工作，甚或是剛投入職場的新鮮人，也或者你是要打造自己的品牌或是自媒體、微型創業者，都能得到很實用的幫助。在這裡我也祝福宜真他的人生下半場能夠更豐盛而寬廣，繼續和大家分享他的美麗人生。

從麻油雞到戰鬥陀螺，
致永保初心的宜真姐

白舒樺（三立媒體集團新聞部副總經理）

「親愛的，我預計 11 月出書，有這個榮幸邀請你幫我寫推薦序嗎？」手機突然彈出這個 LINE 的當下，我正在高鐵上，一路向南準備奔回娘家過父親節。這個邀請太驚喜，和宜真姐相識 16 年的情誼，彷彿車窗外快速變化的風景，是一幕又一幕職涯幻燈片，「我幫你寫序，拜託，我夠格嗎？你確定？我也太榮幸了吧！」我的反饋猶如我們之間向來的直爽不保留，心裡正想著，這女子竟然搞到要出書，真是沒有極限。「我有把你寫進去書裡，好囉，你愛將ㄟ，八月底交稿。」這半鼓勵半威脅的語氣，完全回到十多年前分配新聞稿單給我的日常，宜真長官的指示三部曲：精美 CG 麻煩、快出門不要囉嗦、不准給我遲交。

接下任務後的幾個週末，反覆進入宜真姐的世界，像是重新翻閱我們一起工作時的青春小日子，也再次閱讀了他的生命，如此勇敢破圈又如此繁花盛開。從高壓的媒體圈主管到公部門幕僚，再進入白色巨塔當執行長，宜真姐如同一顆套著粉紅蕾絲的戰鬥陀螺，不停轉換、不斷超越、樂觀又正向的計畫型人格，唯一不變是他的

堅定與韌性。「在高潮時學習謙卑，在低潮時懂得平靜。」他笑淚交織的職場領悟反應在書中許多人事物，與其說他渴望成功，不如說他更害怕的是「當初沒有盡全力而感到後悔」，與其說他烏鴉性格張狂，命中帶有不認輸的 DNA，不如說他善用「讚美的力量讓部屬為你賣命」。

宜真姐妙筆下的每一個故事，都是十足珍貴的職場生死學。但我猜宜真姐可能忘了另一個暖心小故事，是源自一碗熱騰騰的麻油雞，在 2009 年冬至前後、寒流來襲的台北。那年，我還是個電視台小記者，某個下班時間，宜真姐看出我一天疲憊後的倦勤的心，「你一個人吃飯嗎？還是我們坐公車去饒河夜市吃麻油雞！」那頓晚餐，他不是我主管，他是傳授工作心法的大前輩、他是掏肺談心的小姐姐，他是跟我一樣北漂租屋討生活的政治線記者，完食後我們都要回家繼續看政論，為明天的新聞找角度。時至今日，麻油雞攤早已遷址，但我不會忘記他的忠告：「身段再柔軟一點，能幫就幫，成為別人生命中的天使。」宜真姐這句座右銘，一直深深影響著我。

相信宜真姐的第一本書只是逗號，還有很多驚嘆號等著他！祝福宜真姐繼續擁有追風逐夢的驍勇，帶著閃閃發光的熾熱以及咬緊牙根的靈魂，穿著粉紅蕾絲越過山丘再上高峰，成為全台暢銷美魔女作家。

「香水」宜真，
打造出獨一無二的魅力和品牌力

黃美珠（《自由時報》記者）

宜真似水，一瓶香水。接近他愈久，他的香氣就隨著時間的沉澱，有著前、中、後調等不同的轉換，散發著不一樣的香氣。

俱優的顏值、家世、學經歷，沒有把宜真慣壞。相反的，我從未見過他仗恃這些通俗的強項去睥睨他人。他以真誠、高 EQ 對待大家，接納各種不同特質者，從中去蕪存菁，再提煉出自己獨有的香精，轉化為自身吸引人的能量。

宜真行事高調卻又坦率得可愛，這在人類的社會，或狹隘一點講，在女性的小圈圈中，其實很難這樣獲得雙重認證，但他是少數的例外。這樣的特質，加上他又充分認清自我的能力和定位，所以除了在個人，也在工作上讓他打造出獨一無二的魅力和品牌力。

這十幾年來我看到工作中的他總是全力以赴，天天想盡辦法替老闆（包含他的孩子、親友）搭設、創造舞台，讓他的伯樂成為他品牌行銷的千里馬。他也能 on call，該上台就毫不猶豫地跳上舞台自我發揮，無論走到哪都是風風火火、頂上自帶 spotlight。

在工作上除了忠心護主，像吃了黃連的小啞巴也是他。每天殫

精竭慮爭取各種機會幫老闆擦亮光環，使命必達完成老闆所交付的各種任務之外，一路前行勇於幫老闆擋住風雨、流彈，遭遇委屈都自己默默消化，就算再親近的摯友，他也不會任意吐露，更不會對人惡言相向。「這怎麼會該是小公主的他？」

很常聽人說：「換了位子就換了腦袋。」宜真則是「換了位子就多了一顆腦袋！」

他從媒體轉入公部門，先任縣長機要，後來又當起了新竹縣文化的包裝行銷師，近年再轉進醫療事業體系。他每換一個位子，就至少多了一顆腦袋，除了主腦袋幫老闆衝衝衝，打造品牌形象的概念恆定，其他的幾個：媒體腦、民眾腦、縣府腦、醫師腦、護理師腦等，個個都成為他主腦袋的諮詢顧問，讓他所提供的品牌服務，總是能貼心地直抵受眾的心尖上。

好奇寶寶張宜真愛游泳也愛現、愛秀，我觀察他最愛徜徉、暢游的就是「學海」，因為無涯。

他掌文化局後，某次一起等候採訪對象抵達前閒聊著，突然從他手中意外掉落一片，像是五六年級生國中學英文單字的片語卡，那張紙上滿滿用注音、漢字、羅馬拼音鬼畫符一樣地拼寫出一串客語單字或片語。我知道這是他不甘被認為是客語啞巴備受質疑之外，更是他了解自己的不足而在暗自努力。

宜真任縣長機要祕書時，正值臉書在台大爆發，他用臉書寫日記自娛娛人，狀似高調秀個人，實則滿滿替公部門的各項政策宣傳，幽默與機智兼具，是我的世界中第 1 個 KOL。轉入中醫大新

竹附設醫院擔任執行長後,他跨出舒適圈,把握機會就插足廣播界,來個《宜真醫週報》,從 0 累積起,一舉讓自己和新東家名聲鵲起。

這幾年 Podcast 竄出、短影音崛起,他毫不猶豫在萬眾眼皮子底下,從這個領域的「小白」高調一路搶攻,為的就是與時俱進自己的行銷策略和方法。

說真的,在累積了這麼多的人氣和知名度後,要能放下身段,把自己最純白的短版曝光,而不是祕密特訓後,再一鳴驚人地展現,這絕非多數人會選擇的路,但張宜真就這麼幹了!這就是他獨一無二的競爭優勢和魅力,活得恣意卻不任性,通透又優雅。

我相信,他人生中第一本書,將 30 年從媒體到「衙門」再到醫療體系的工作經歷,不藏私地分享如何和媒體打交道的武功祕笈,一定可讓您功力大增。

這女人太可怕了：職場「葵花寶典」大揭密

張念慈

（「女子漾」網站總編輯、「失敗要趁早 - 張念慈」粉專版主）

這女人太可怕了。

外表漂亮的女人，通常人緣不好、心機重又公主病。能幹聰明的女人，大多犀利多刺讓人不敢靠近。跟每個人都好的女人，你不知道自己到底是他真正的好朋友？還是只是不重要的萬分之一？

張宜真，是外表出色人緣又好、能幹聰明但又溫暖熱情、人人都好卻又真正把你放心上。

這女人，是不是真的太可怕了？什麼叫不公平？這就是。天下的好條件，全都讓他佔盡了。

但，一切都不是理所當然，看著他一路成長，我可以保證，這可怕女人贏來的所有掌聲，全都是芭比般精緻外表下，藏著的「天堂路」剽悍女漢子，百鍊成鋼才有的結果。

這樣一個可怕可敬可愛的女人，把自己 30 多年來職場經驗的精華出版成書，我負責任地說，不論是職場人士、公關領域、想要跨域破圈者、醫療界……都可以從中得到無數啟發。

遇到別人說你不可以、不應該這樣做，我們該繼續前行嗎？

張宜真剛從政界跨域到醫療界，被提醒「千萬不要逼醫師發新聞，不要讓醫師不開心」。他可以選擇跟別人走一樣的路，但他知道自己的競爭優勢就是媒體行銷，如果不做自己擅長的事，就沒有競爭優勢，也沒有存在的價值。

最後，他為中醫大新竹附設醫院創造了新竹地區，甚至超越全國水準的「週週上新聞」紀錄，媒體行銷預算 0 元卻創造了上億價值，醫生被他訓練可以自己寫新聞稿，而且還很、開、心。

「如果當初擔任文化局長或醫院執行長時，我因畏縮而選擇跟別人做一樣的事，沒有善用自己在媒體行銷公關的優勢，或許早就被職場給淘汰了。」

這就是宜真，知道自己要什麼，優勢在哪裡、不足有哪些，知道了，就去做、去試、去改變。從媒體圈、政壇到文化再到醫療界，宜真不斷善用自己的競爭優勢，努力站穩腳步，建立自己獨特的品牌。

他這份善用優勢的超能力，如何應用在品牌力、行銷力、領導力、溝通力、解決力和快樂力？全都可以在這本書完整地看到。

我們可以看到媒體行銷如何幫助提升醫院知名度和門診量？為什麼一個地區醫院可以成為《BIG》、《最佳利益3》、《緝魂》電視、電影的拍攝地？

甚至，他還完全不藏私的，用媒體高階主管、政界新聞發言人、醫院公關執行長資歷，教你如何寫出吸睛新聞、如何講出重點簡報？如何寫履歷、面試該注意什麼？公關危機處理？

宜真這本書，根本是武林人士爭求瘋搶的「葵花寶典」，最棒的是，我們不用自宮，就可以一窺武功祕笈。

現在就翻開宜真的新書，跟著這個可怕的女人，一起變強、變優秀，而且還可以一起變可愛。

驚豔閃耀，
打造人生版面永遠的 C 位

永遠最愛你的張堆堆 **張宜如**

（旺宏教育基金會執行長／藝術家）

聽到妹妹要出書的消息，真是太佩服他了！

我們親愛的媽媽在我大三升大四的時候過世了，那時候妹妹剛考上大學，我就成了媽媽的角色一路照顧著他。小時候他因為有點「臭奶呆」（台語），姐姐總是叫成了「堆堆」，所以他小時候的玩伴跟同學都知道我的綽號叫「張堆堆」。他總是說姐姐是他的偶像，跟在被稱為「張家的希望」，學業才藝表現不俗的我後面，壓力很大！但現在的他，在專業上展現相當亮麗，令堆堆我也甚為佩服！

因為爸爸在台灣省新聞處擔任主祕，考上政大新聞系，畢業後依循父母的希望到國外留學。念成大中文系的宜真畢業後，也想到國外改讀傳播相關科系，後來到美國中央密蘇里大學繼續攻讀碩士。宜真回國後和我一起在中部新聞圈打拚，因為凍省的關係，我們都被調到台北跑立法院。他曾待過多家電視台，最後在三立新聞台當上了主管，還被尊稱為立院一姐，對於各政黨立委

都相當熟識。

　　之後我先到新竹科學園區擔任公關，因為妹婿也在竹科工作，兩個小孩都在新竹，宜真決定捨棄在台北的新聞工作，轉戰到新竹縣政府負責媒體公關及行銷，他的新聞專業立即擦亮智慧亮麗科技城的招牌，成為時任新竹縣長邱鏡淳及縣府得力化妝師。之後更擔任文化局長跨界到藝文領域，將專長發揮得淋漓盡致，尤其他勤跑每一場藝文活動，我記得他那時週末假日最忙，只要有空就一定會親自出席藝術家的活動給予鼓勵，很多藝術家都很感念他以實際行動對文化圈的強力支持！

　　沒想到他之後跨域的亮麗成果更讓我驚歎！其實宜真小時候身體很不好，只要一感冒，就會變成「自家中毒」的現象，記得有一次他在成功大學重感冒，我還跑去彰化幫他拿藥，趕到成大送藥給他，沒想到他一看到我就整個哇啦哇啦地吐出來，一時之間找不到容器，我還馬上伸出雙手捧了……而這位自小身體孱弱的妹妹，現在竟然在中國醫藥大學新竹附設醫院擔任品牌行銷公共事務執行長，累積他之前在新聞及藝文圈的豐碩經驗，加上常有令人「Wow」新奇點子大爆發的創意腦，平時大家總認為醫院是生病才會去，卻

可以變身成為提供醫療新知、健康保健、音樂表演、藝文展示，充滿溫馨有人情的地方！很多在新竹的朋友及同事都跟我說，你妹妹好厲害，扭轉了一般人對醫院冷冰冰的印象，還大幅打響了中醫大在新竹的知名度，而且透過「海陸空」各種傳播渠道，了解正確的健康知識，受益良多！

妹妹的學習腳步還不僅於此，他更攻讀清華大學健康政策與管理碩士在職專班，也不斷安排各種管理及行銷公關進修課程。小時候我的成績的確比較好，現在我十分佩服他的積極學習力，也看到他將所學持續應用到工作上，更時常受邀演講，不但是醫院的品牌執行長，也是健康頻道廣播節目主持人、Podcaster、YouTuber、專欄作家，多方經營品牌且做得有聲有色！

妹妹的新書中不藏私地大公開他在公關行銷品牌打造的葵花寶典，絕對值得購買珍藏！祝福我最親愛的妹妹新書上市大成功，成為暢銷作家，持續創造自己人生中永遠的版面 C 位，成為閃閃發光的 Shining Star，我們全家人與有榮焉！

一出手，就是品牌，讓人驚豔！
WOW WOW WOW ！

在天堂的媽媽是一位國小老師，從小培養我的語言能力。幼稚園時，我就代表畢業生致詞。從國小、國中、高中到成功大學加入滔滔社，歷經演講、朗讀、辯論比賽等，被訓練精準溝通表達力。取得美國中央密蘇里大學大眾傳播碩士，我回到台灣，實現從小當記者的夢想。

我的新聞生涯始於華衛、環球、超視、年代，直到三立電視台，報導領域從社會新聞到政治新聞，從地方記者成為三立政治組副主任，主跑立法院新聞，負責立法院連線，規劃新聞報導與專題。這段新聞工作約有 15 年。為了照顧兒女，我選擇轉換跑道。感謝前新竹縣長邱鏡淳的提拔，我進入縣政府擔任機要祕書，並被拔擢為文化局長；隨著邱縣長卸任，他引薦我進入全新陌生的領域。我要特別感謝中國醫藥大學暨醫療體系董事長蔡長海及新竹附設醫院院長陳自諒，賦予我品牌行銷與公共事務執行長的角色。

接掌文化局當天，就被網路嘲諷：「不會客家話，當什麼新竹縣文化局長。」從文化局長轉換跑道到醫院執行長，也被看衰：「應該撐不過三個月。」一路走來，我始終致力於發揮自己的競爭優勢：

媒體行銷與公關危機處理能力，協助縣府、文化局及醫院正面新聞小事化大，負面新聞大事化小。我相信，唯有善用自己的競爭優勢，不論身在何處，都能夠閃耀光芒。

從媒體鎂光燈焦點，站在 C 位再到幕後重新歸零，我希望將近三十年的工作經驗分享給讀者，探討品牌力、行銷力、領導力、溝通力、公關力與快樂力。我堅信，找到競爭優勢、用創意打造獨一無二的個人品牌，在任何境地都會被看見。在高峰時保持謙卑，在低谷中保持平靜。蹲下是為了再躍起；花若盛開，蝴蝶自來。想成為怎樣的人，就去成為那樣的人。

行銷力就是「鈔」能力。為何醫院能夠週週發新聞？我利用創意製造「新」聞，搭配時事、新聞議題與故事行銷，提升醫師和醫院的知名度與門診量，並透過跨領域合作，開拓醫療市場。0 元行銷，建立多元化行銷平台。最重要的是，和媒體成為好朋友，保持不斷產出的新聞點，媒體需要你，即刻救援。

領導力激發高效能團隊，我常說：「老闆用跑的，你要用飛的；老闆用飛的，你要搭太空梭。」工作若有疏失，絕不推諉責任，並善用危機變轉機的能力。稱讚的力量會讓部屬為你賣命，而領導者更應該「大肚」，容忍「烏鴉」說真話。

溝通力翻轉人生。傾聽的威力讓人從憤怒到放下，累積幫助別人的能量，關鍵時刻，別人自然願意幫忙。溝通力創造雙贏 WIN WIN，不須批評或論斷，多讚美，讓灰色的心變得彩色。溝通力也

包含吸睛的簡報能力，「內外夾攻」，豐富的內容加上鎖定目標族群，解決聽眾問題，並透過肢體語言抓住眼球，讓簡報成功達陣。

公關力讓危機變轉機。我提出七步驟：了解問題、分析問題、誰提出問題、定義問題、採取行動、掌握時效與媒體溝通，並檢討改進。我建議領導者應將危機處理納入企業文化，讓每個人都有危機意識。

最後，快樂與幸福的鑰匙。除了健康，其他都是芝麻綠豆小事。心中充滿感恩，接近正能量的人，就算面對挫折，也能保持樂觀積極熱情，面對他，處理他。創新學習，勇敢挑戰不可能的任務。

感謝生命中所有貴人，親朋好友成為我最堅強的後盾。要感謝的人太多，感謝我所信仰的神，倚靠祂，我才能走過每一步的荊棘。

第一次出書，曾經跌跌撞撞的碰壁，感謝環宇電台主持人藍如瑛的引薦，以及布克文化總編輯賈俊國的支持，讓我夢想成真。尤其，特別感謝所有願意購買、閱讀此書的讀者，獻上萬分感謝，因為你們的支持，是我持續創作與保持正能量的動力。我希望這本書能夠帶給您滿滿的啟發，助您在職場上更得心應手，讓生活更快樂、更幸福。一出手，就是品牌，讓人驚豔！WOW WOW WOW！

Chapter 1　品牌力

找出競爭優勢，
打造獨一無二的品牌力

找出競爭優勢，在黑暗處，
依然像鑽石閃閃發光

　　我的父親張時坤曾擔任省政府新聞處主任祕書，同時也是作家，母親洪美珠則是一名老師。受到家庭環境的影響，我從小就立志成為記者。

　　自成功大學中文系畢業後，我很幸運地到美國中央密蘇里大學攻讀大眾傳播碩士。回到台灣後，第一份工作在華衛電視台擔任記者，之後陸續在環球、超視、年代、三立等電視台工作。我在三立電視台待的時間最久，主跑政治新聞，立法院開議期間，透過SNG連線，將第一手資訊即時傳遞給觀眾。這段擔任記者的黃金時期，不僅訓練我快狠準，懂得抓重點、講重點，並掌握溝通力的技巧。

　　嫁到新竹後，感謝夫家的尊重和支持，讓我繼續留在新聞崗位工作。即便後來懷孕了，我仍然挺著大肚子跑新聞、做連線，同時維持休假日回新竹照顧女兒和兒子的生活型態。直到女兒蔡彤恩將升上小學一年級時，有天我休假回家，驚覺孩子們似乎把我當成陌生人，一點也不親近，讓我下定決心轉換跑道，回到新竹工作，以家庭為重。

當時我的想法很簡單，只希望能在新竹找到一份穩定的工作，理想是進入新竹縣政府新聞科。後來透過好友謝佳凌引薦，我獲得時任新竹縣長邱鏡淳的青睞。沒想到，邱縣長竟給了我機要祕書的職位，其實我對機要祕書的工作內容並不清楚。就這樣，我從一名媒體人，轉進了「衙門」縣政府。

　　一開始雖然不知道機要祕書確切的工作內容，但我善用自己在媒體的專業和影響力，將新竹縣政府當電視台來操作。比照電視台的工作模式，我每天開「稿單」，規劃縣府和縣長的新聞曝光，因此天天都有新聞登上媒體版面，這樣的表現贏得邱縣長賞識，將我拔擢為文化局長。當邱縣長告知這個安排時，我直截了當地回應：「我不會講客家話。」他勉勵我：「沒關係，重點是文化業務。」我一直以為自己擅長處理新聞和新媒體，和文化局長的業務八竿子打不著邊，也不知道縣長哪來的勇氣，竟敢打破傳統，任命一位非客家人，還是女性，來擔任文化局長。

　　就在文化局長交接當天，自己高興還不到一天，網路上便有人嘲諷道：「不會講客家話，當什麼新竹縣文化局長。」底下還有人附和，更是讓我心情大受影響。我不免感到委屈，「我是文化局長，

並非客家事務局長，為什麼一定要會說客家話才能勝任？」「請問是哪一條法律規定，新竹縣文化局長一定要會講客家話？」

想要被看見，舞台是自己創造的

上任後，衝擊緊接而來。有位前輩建議我，不要搞一些風花雪月的事，要專注於文化事業。坦白說，當時有聽沒有懂，他的言下之意，應該是文化局不需要頻繁發新聞、做行銷宣傳。對於這份好心提點，我曾一度猶豫，是否應該「收斂」些？但《自由時報》的記者好友黃美珠鼓勵我「做自己」，他告訴我，我的競爭優勢在於擁有媒體敏銳度，這是和其他局處長，甚至其他縣市官員所不一樣的地方。

因此，身為文化局長，我依然秉持新聞工作熱誠，每當有重大政策和活動時，都會努力挖掘新聞亮點，並且親自審稿，維持每週發一至兩則新聞的習慣。由於我出身電視台，具有新聞嗅覺，懂得設計畫面，總能攻佔報紙的顯著版面，讓民眾更了解文化局的工作。而且，我也善用行銷包裝，維持話題熱度，事實證明，**政策一定要透過新聞發布，才能讓民眾有所感。否則，政府做了什麼，民眾根本不知道，不是很可惜嗎？**

隨著邱縣長卸任，身為政務官的我也離開了縣府。感謝邱縣長的引薦，我有機會進入一個全然陌生的領域──中國醫藥大學新竹附設醫院。我也感謝中國醫藥大學暨醫療體系董事長蔡長海和院長

陳自諒的延攬，讓我擔任品牌行銷公共事務執行長一職。

我完全沒有醫療背景，卻進入醫院工作，這在外界看來，或許有如被打入「冷宮」。從局長轉任執行長，一些人甚至預測我應該待不到三個月，畢竟從鎂光燈焦點，突然落入凡間，一時之間通常很難適應。

我記得剛到醫院沒幾天，一位前輩提醒我：「千萬不要逼醫師發新聞，不要讓醫師不開心。」對於不熟悉醫療生態的我來說，這話半信半疑。但我深知自己的競爭優勢就是媒體行銷，如果不發揮此一專長，就無法展現價值。

我始終相信「花若盛開，蝴蝶自來」，因此持續發揮自己的新聞敏銳度。新醫院、新醫師、新儀器，本身就極具「新」聞性。於是，我每週發一到兩則醫療新聞，完全打破當時的醫療媒體生態，加上過去累積的媒體人脈，讓每篇新聞報導幾乎都能達到百分之百的曝光率，不僅週週上新聞，有時還衝上全國頭版頭條。

此策略得到院長陳自諒的肯定。成功舉辦醫院兩週年院慶後，陳院長在 2020 年 12 月 15 日的臉書寫下：「來新竹最棒的事，就是請到他。」讓我受寵若驚。現在，不僅醫師們會主動和我討論新聞點，有些醫師甚至被我「訓練」到會寫新聞稿，並能製作手術前後的對比圖。

回顧這一路，如果當初擔任文化局長或醫院執行長時，我因畏縮而選擇跟別人做一樣的事，沒有善用自己在媒體行銷公關的優勢，或許早就被職場淘汰了。從媒體圈、政壇、文化再到醫療界，

我的斜槓人生看似跨度很大，但其實我只做了一件事，就是**善用自身競爭優勢，找出自己最擅長且別人難以仿效的差異點，並努力站穩腳步，建立獨特的個人品牌。正如千萬講師謝文憲所說：「與其更好，不如不同。」**

🔋 **能量站**

不論在任何環境，處於高峰或低潮，唯有展現專業、勇於創新，找出競爭優勢，才能建立個人品牌。當你與眾不同，讓人發出「WOW」的讚嘆時，就能像鑽石一樣，即使置身黑暗，依然可以閃閃發光。

高潮時學習謙卑，
低潮時學會平靜

身為文化局長時，可謂眾人拱月。尤其在文化局的場子中，無論出席活動或觀看表演，我都是坐在第一排的 C 位，亦即縣長旁邊，成為全場焦點。而來到醫院這個以醫護為主體的環境後，我的角色發生了巨大轉變。行政人員作為醫護的後盾，鮮少有曝光的機會。從幕前走到幕後，以執行長身分出席任何活動後，我與「第一排」的 C 位徹底絕緣。

從 C 位到重新歸零

當年接任文化局長時，來自各界祝賀的花籃，排滿了走廊。除此之外，文化局長擁有專屬辦公室，還有祕書協助業務，領導 80 位同仁。相較之下，當我來到醫院擔任執行長時，恭賀花籃屈指可數，不超過五隻手指。第一天報到時，迎接我的只有一張書桌和一張椅子，連紙筆都要自備。我的好友、前新竹縣政府綜發處長陳冠義（現為桃園市農業局長），當時特別來看我，為我加油打氣。事隔一年，他才坦言，第一次到我的辦公室時，真的覺得我有點落寞，也替我感到不捨。但後來看到我在醫院的表現，他對我說：「你真

的很棒，我替你感到驕傲！我以你為榮！」

醫院草創時期，人員陸續招募中，當時辦公室只有我一人先行入駐。於是我選擇了靠近窗邊的座位，後來院方通知我，有一位資深同仁將搬進來，我向院方詢問：「我是不是可以繼續留在原來的位置，不用再搬來搬去？」然而，被斷然拒絕，並告訴我：「要有工作倫理。」意思是要尊重前輩。我領悟了這個道理，便默默搬離了位置。

從天堂跌落凡間，重啟第二人生

有一天我寫完新聞稿要印出，卻發現辦公室裡竟然沒有印表機，還得跑到其他單位借用。過去只需「出一張嘴」，一切瑣事都有人打理好；現在，卻必須親自跑腿列印，頓時讓我很想飆淚。正巧好友、藝術家施雪紅來探望我，見狀後二話不說，馬上請公司同仁送來一台全新的印表機，當作我轉職的禮物。朋友的體貼與支持，讓我內心深受感動，更加堅定了自己要努力突破眼前難關的決心。

從文化局長到執行長，雖然兩者頭銜都有個「長」字，但領域不同，被重視的程度也迥然不同。記得剛到醫院任職時，創院的同仁善意提醒我，醫院是白色巨塔，聽醫師的話就好，醫師說做什麼就做什麼，不要質疑。當時醫師對我來說，是令人尊敬的專業人士，作為一個醫療門外漢，我怎麼可能對醫師有所要求呢？醫師應該也

不會聽我的吧？

雖然一度被說服，想低調當個執行長，但我勇於挑戰、不服輸的個性，讓我心中響起了一股聲音：「你的競爭力就是發新聞，一定要善用它，不然就沒有存在的價值。」

現在的磨練，都是未來的養分

於是，我回到當年剛踏入電視台時的「菜鳥」心態，主動約醫師擬定訪綱、寫新聞稿、錄音錄影，以及剪輯影片。雖然對醫療產業並不熟悉，但新的醫院、新醫師和新醫療器材，以新聞角度來說，一切都是新的。過去在新聞圈累積的訓練和人脈，加上先前新竹縣政府在地經驗，此時都派上了用場，我的發稿報導率不僅達到百分之百，甚至還曾衝上全國頭版。

我堅持每週發一到兩則新聞，顛覆了當時的醫療新聞生態。過去，醫療新聞並非媒體主流，但我週週發稿，讓中醫大新竹附醫的能見度大幅提升，打響了醫院名號，讓民眾了解更多衛教新知，不僅能在醫療上有更多選擇，對於醫院和醫師來說，也能拓展知名度，帶動影響力。

俗話說：「因禍得福。」有時候你以為的禍，其實是自己的福氣。當時有人看笑話，「宜真當過文化局長，在醫院應該撐不過三個月啦。」結果，這一待，竟然已經快六年了。

我很喜歡《聖經·腓立比書》第四章第 10 節中的一段話：「我

靠主大大的喜樂，因為你們思念我的心如今又發生；你們向來就思念我，只是沒得機會。我並不是因缺乏說這話；我無論在什麼景況都可以知足，這是我已經學會了。我知道怎樣處卑賤，也知道怎樣處豐富；或飽足，或飢餓；或有餘，或缺乏，隨事隨在，我都得了祕訣。我靠著那加給我力量的，凡事都能做。」

> ⚡ 能量站
>
> 人的一生，有高峰就有低谷。當別人愈看衰你時，愈要努力，用專業證明自己的實力。蹲下是為了再躍起，高潮時學習謙卑，低潮時懂得平靜。

蹲下是為了再躍起，
花若盛開，蝴蝶自來

這一生，在職場對我來說最重要也最感謝的人，就是前新竹縣長邱鏡淳。

當時，我在台北電視台工作，心中只想返鄉陪伴兩個小孩成長，覺得只要有份月薪三萬多塊的工作，當個小職員，就心滿意足了。只能說，我的好友謝佳凌太優秀了，透過他的介紹，邱縣長看了我的履歷，經過面試流程後，就決定錄用我為機要祕書。當時的我根本不熟悉官場文化，但在邱縣長尊重專業、充分授權的環境下，我得以順利工作，真正遇到了人生中的伯樂。

當時，我比照電視台的方式，製作《鄉親大小事》，以「鄉親的小事，就是縣府的大事」為口號，並設立仿電視台的攝影棚，定期專訪縣長和各局處首長，談論政策和行銷農特產品等，讓鄉親透過不同平台，了解縣府政策。

後來，遇到了我現在的老闆——中醫大新竹附醫院長陳自諒，成為我人生中的另一位貴人。陳院長同樣尊重專業，充分授權，並以「不干預」的工作哲學，讓我卸下白色巨塔的神祕面紗，建立醫院品牌。

逆境中的真朋友，人生低潮不孤單

另一位貴人是亞洲廣播電台總經理郭懿堅，和郭總相識，是因為前縣長邱鏡淳。在 2013 年新竹台灣燈會，我們一起合作行銷，創造歷史。郭總是智多星，永遠有源源不絕的創意，甚至在我生日那天，透過直播，請當紅主持人、桃園縣議員謝美英幫我慶生，留下一輩子難忘的回憶。

我記得當時開玩笑和郭總說：「改天也讓我主持亞太電台。」那只是一句玩笑話，以當時機要祕書的身分，我根本不可能兼職，時間也不允許。沒想到，郭總竟將這句玩笑話放在心裡。當我離開縣府到醫院工作，某天接到郭總祕書的電話，請我主持廣播節目。天啊！在我高峰時，郭總沒有「錦上添花」，反而在我低潮時「雪中送炭」，我聽了感動到想哭，二話不說，立馬答應。感謝郭總提供舞台，到目前為止，《宜真醫週報》仍繼續主持中，更是讓我不斷精進的養分。

《宜真醫週報》內容由我全權策劃，主要專訪中國醫藥大學新竹附設醫院的醫護人員。亞太電台在台北、桃竹苗地區，擁有高收聽率，對於剛起步的新醫院來說，是非常重要的資源。週週如期播出，即使遇到過年也沒放假，我非常珍惜這個機會，每週半小時的節目，完全以中醫大新竹附醫的醫師訪談為主。這樣的節目內容，即便想要置入購買，可能都買不到，但郭總卻無償提供舞台，讓我自由發揮，從不加以干涉。

為了提升節目的影響力，我將《宜真醫週報》升級，不僅在廣播中播放，還製作成 YouTube 影片和 Podcast，在不同平台宣傳。當我展現企圖心，想以兼職主持人身分，用《宜真醫週報》報名金鐘獎，郭總二話不說，全力支持。儘管最終未能入圍，但郭總的支持仍是我前進最強大的動力。

還有一位貴人，是北視有線電視台新聞部經理羅君淇。從我擔任新竹縣長機要祕書開始，便因新聞業務與他接觸。羅經理不僅協助打造新竹縣政府攝影棚，更在我離開縣府後，每當需要北視報導的時候，他總是義不容辭。有一次，我請他協助報導醫院新聞，他竟親自扛著攝影機來拍攝採訪。原來，當天新聞事件比較多，文字和攝影記者趕不過來，堂堂一位新聞部經理就自己扛著攝影機上場，看到他揮汗如雨地工作，我感動地紅了眼眶。

有句話說：「潮水退去，就知道誰有穿褲子。」在人生低潮時，還留在你身邊，真心陪伴你的，才是真朋友。

我覺得自己非常幸運，可以遇到那麼多貴人。關係是相互的，不要因為處在高位，就耍官威，對別人頤指氣使，否則等到有一天跌落凡塵、失去官銜時，別人也會離你而去。別人舉手之勞的付出，並非理所當然，我們永遠要心存感恩。

在職場上，如果希望貴人幫助你，自己必須「有料」。也因為在媒體行銷方面的專業能力，我才能在完全沒有醫療背景的情況下，依然可以在全新的環境中開創一條生路，存活下來。

你永遠無法預知，人生下一步會拿到什麼樣的劇本。也因為在低潮時，有這麼多貴人出手相助，讓我更懂得「高潮謙卑，低潮平靜」的道理。

> ⚡ **能量站**
>
> 處在人生高潮時，一定要謙卑，不要囂張，因為有一天，可能會跌落低谷。在低潮時，耐住性子，善用競爭優勢，等待時機。花若盛開，蝴蝶自來。

喜歡怎樣的人，
就去成為那樣的人

善用競爭優勢，建立自己獨一無二的品牌價值。

品牌，不僅是你的競爭優勢，更是你與競爭對手的區別，以及你在消費者心中的形象。品牌所傳遞的，也是一種價值觀。例如迪士尼賣的是歡樂，遊客造訪迪士尼樂園，能感受到快樂幸福。NIKE 則推崇運動家的精神和行動力，其口號「Just do it」鼓勵人們勇於行動。

從企業品牌到個人品牌，蘋果創辦人賈伯斯的形象也十分鮮明，他總是身穿黑色 T 恤和牛仔褲介紹新產品，iPhone 已經成為創新和時尚的代名詞。即使賈伯斯已經離世，他和 iPhone 的形象依然緊密相連，每年都有果粉熱切追逐最新機型。而輝達創辦人暨執行長黃仁勳則以黑色皮衣為標誌，其名言「喜歡看別人成功」，賣的正是他的價值觀。

你想成為什麼樣的人？你希望別人如何評價你？就是你的品牌。

我曾參加曾培祐老師的「閱讀獲利」線上讀書會，老師出了一道考題：「請你在臉書上問大家，別人眼中的你，有什麼優勢呢？」我鼓起勇氣在臉書上發文，請朋友們留言告訴我「我有什麼

優勢？」

　　沒想到，大家的回饋讓我重新認識了自己。好友們紛紛留言：「你的優勢就是，除了專業、有個人魅力，還有強大的規劃能力和執行力。」「俐落中帶著溫暖、真誠。」「行動力強，專業度夠，在職場上勇氣十足，大膽而心細，屢創佳績。」「有高調的外在但卻有謙卑的心，像海綿不斷吸收，永遠有新的亮點！」「美麗又有自信，但常常凹朋友說，我們家的預算不多……算了，誰叫我認識你這位優秀的竹北林志玲。」「美麗；認真；頭腦清晰；執行力強！但是內心還有小女孩的純真。」「企圖心強，就會勇於接受挑戰。」「神力女超人！無所不能！」「美麗，認真，使命必達，專業度極強，應變能力高，永遠正向積極。」

用正能量面對挫折

　　我很喜歡作家愛瑞克在《內在成就》這本書中提到的：「成為你真正想要成為的人。」你喜歡什麼樣的人，就去成為那樣的人。我想成為的樣子，我希望別人如何看待我，檢視別人眼中的我，這三者是否一致。如果不一致，就繼續朝著理想中的品牌形象努力；如果一致，繼續維持這樣的人設。至於我，希望成為一位健康、專業、積極樂觀且充滿正能量的人。

　　經歷了多次健康問題後，我深刻體會到「無常即日常」的真諦，也明白除了健康，其他都是芝麻綠豆的小事，所以我每週會去

游泳、做瑜珈，以保持身體健康。我想成為一名專業人士，所以不斷學習與創新，去清華大學科管院攻讀健康政策與經營管理碩士在職專班，還參加各類線上課程，包含品牌力、溝通力、AI 課程和聲音表達等，並定期收聽 Podcast 充實新知。價值觀需要與時俱進，我相信今年的表現會比去年更好，現在的努力是為了未來做準備，透過不斷的閱讀和學習，以正能量面對挫折。

透過不斷學習，才能面對低潮。

透過閱讀，沒有時間低潮。

面對低潮，在閱讀中尋找答案。

面對低潮，接近充滿正能量的人。

面對低潮，相信自己的競爭優勢，一定會更好。

面對低潮，相信一切都會過去。

面對低潮，相信一切都是最好的安排。

　　我曾參加過公視《一字千金》節目，站在舞台上，面對眾多高手，必須在 20 秒內聽取問題並且作答，真的需要極大的勇氣和智慧。當時，我甚至不敢讓製作單位秀出自己的學歷是成功大學中文系，因為擔心在第一關被刷掉，毀校譽。我在第一關榮幸地成為週冠軍，但在第二關卻「慘遭淘汰」。即使在電視機前，看到自己的臉被打上「淘汰」兩字，我依然微笑面對，沒有因為被淘汰而耿耿於懷。我感謝自己有勇氣參加這個殘酷的節目，畢竟「盡力了」，在我人生中「玩」過一次，值得，我感謝自己，面對挫折，仍然微笑面對。為了參加比賽，我特意找出塵封已久的字典和成語故事

書，好好複習；同時也提升自己的寫字技巧，才能合乎評審嚴格的標準。最大的收穫是，參加《一字千金》後，我的字跡從原本的鬼畫符變得中規中矩。

⚡ **能量站**

你喜歡怎樣的人，就去成為那樣的人。刻意練習用樂觀的心態看待每一件事，並相信每一件事情的發生，都有它的意義。

用創意打造
獨一無二的個人品牌

堅持品牌，一出手就是品質保證。無論在工作或生活上，我也有自己的堅持和信念，以創意突破傳統，打造獨一無二的風格。

品牌由內而外展現專業，一出手就令人 WOW 聲連連

我曾經邀請卡達公主設計手繪賀年卡和紅包，以醫護同仁和高尖端醫療儀器為主題，此創意顛覆了傳統醫院的設計方式。醫院的手提袋，也大膽打破傳統，在院長授權下，請同仁以療癒的粉紫色和馬卡龍色系，設計一款 Bling Bling 的手提袋，非常醒目。拿到伴手禮的貴賓會虧我：「這就是執行長的 Style。」

當然，三節伴手禮也是精挑細選，物超所值，CP 值極高。我們曾經量身打造醫院專屬伴手禮，內含潤喉爽聲茶包和枸杞菊花茶包，包裝一樣以粉紫藍顏色為主，不只產品健康，禮盒包裝也非常醒目。另外，我無意間發現了一家專賣精油肥皂的小店，店內有各種顏色的精油肥皂，搭配可愛小熊毛巾的組合也非常討喜。與商家溝通後，這些組合也成為我們的伴手禮。也難怪其他單位同仁要送禮，會先來打聽：「執行長送什麼？」因為在他們的認知中，執行

長的伴手禮，一定是「品質保證」。

有天，要幫長官慶生，人還沒到，花先到。當我到達時，護理師同仁立刻說道：「這花，一看就是執行長送的。」我好奇地問為什麼，同仁很自然地回答：「就一個粉嫩 Bling Bling 的 fu 啊！」由此可見，我在同仁心中建立的「人設」，是一個粉紅控、療癒，且具有美感的品牌。同樣也是花系列，某天我代表院長送花給公家單位長官，花一到，祕書就傳來訊息：「這盆花超美，感謝！」我心中笑笑，花店老闆經過我的「特訓」，已經了解我的「品味」，知道要搭配粉紫色的花。還有一次，送花給《醫藥新聞週刊》喬遷誌慶，我刻意發揮創意，在卡片寫上「恭喜地表最帥社長，最美社長夫人喬遷誌慶，心想事成」，這束花與祝賀詞隨即成為社長臉書的一篇貼文。可見，有創意巧思的設計，送禮能送到心坎裡，令人印象深刻。下次，看到「粉紫花系列」，應該就是本院送出的花。

品牌在氣質、態度、舉止和服裝等，都有一定形象

有次，我去參加某場活動，主辦人是一位企業的高階主管，現場也邀請貴賓和媒體出席。但我發現，這位主管明明已經年過半百，卻穿著類似少女風的連身裙，沒繫腰帶，還穿布鞋。這麼重要的記者會，他的頭髮也沒梳理，看起來有些凌亂；臉上沒化妝，整體感覺就像是在家裡素顏辦活動，與當天的活動氛圍格格不入，甚至在致詞時，口條也不流利。我心想，在這個場合，本該抓住機會好好打造品牌形象，穿著正式的服裝並妥善打理妝髮，從而建立專

業形象。

我建議任何人都應該準備「形象照」，花錢請專業攝影師拍攝，打造出專業形象。以醫師來說，院內不少醫師會拍攝專業照，放在醫院網站的自我介紹欄，當病患初次看到醫師時，能透過專業的形象建立信任感。我並不建議醫師使用生活照當作官網的「門面」，畢竟這是病患對醫師的第一印象，恐影響專業度的呈現。

這天，我陪同兩位醫師出席縣政府舉辦的一場記者會，事先就告知醫師要帶醫師袍，並在現場提醒他們穿上。我觀察到，當天共有八家醫療院所參與，現場有六位醫師，只有我們醫院的兩位醫師穿著醫師袍。當他們被 cue 上台拍照時，因為穿著醫師袍，象徵了他們的身分與專業，瞬間成為焦點，在新聞畫面中，有醫師的背書站台，更具辨識度和說服力。**因此，品牌形象從穿著開始，在正式場合中，應以專業打扮為主，展現專業度，而妝髮、鞋子等細節，也都是影響第一印象的關鍵因素。**

一出手，就是品質保證

身為品牌行銷公共事務執行長，常要舉辦活動或記者會，我都堅持一個原則：只要我出手，一定是品質保證，一定要讓人驚豔，發出連聲的「WOW WOW WOW」。

有一次，醫院舉辦感恩餐敘，打算邀請診所院長們參加。初期報名時，某個窗口只推派一名醫師出席，我對承辦人說：「可以再

幫忙多邀請幾位醫師嗎？」但並未得到明確的回應。我心中有底，必須再透過其他管道邀約，於是找到一位關鍵人物——億安診所林家億院長。憑藉他龐大的醫療人脈，成功號召醫師出席活動，結果，不到幾小時，報名人數就額滿了。舉辦活動，一定要有人氣，若遇到瓶頸，直線方法行不通時，就要透過斜線或曲線，找到解決方法。我喜歡雙保險的概念，讓事情能夠圓滿完成。

那晚的餐敘果然爆棚，出席人數創下歷年新高。我身為主持人，除了例行性介紹貴賓，還端出三大好康。第一個好康，我宣布，「診所院長守護鄉親健康，醫師的健康就交給中醫大新竹附醫來守護，我們推出高階健檢方案，幾乎都是成本價，不只照顧醫師，連醫師的眷屬都有專案。」這一點迅速打動在場的醫師，大家紛紛拿出手機記錄。事後，我也透過不同管道，將健檢專案分享給各診所院長，為他們的健康把關。接下來，我提到第二個好康，根據去年的資料顯示，無論病患由診所轉到醫院，或經醫院治療後再下轉診所，都發現雙向轉診的互動良好。新竹縣醫師公會理事長洪才力致詞也提到：「五年前，我們以為醫院會搶食診所的醫療資源，但這五年來，醫院不只把轉過去的病人照顧得很好，也會將患者下轉給診所，今晚不僅是醫院對診所的感恩餐敘，也是診所對醫院表達感謝。」最後，我用高亢的聲音宣布第三個好康，今晚的飲料無限暢飲，KTV 也可以盡情歡唱，現場氣氛瞬間達到高潮。

為了炒熱氣氛，我再度找到幾位關鍵人物。我知道有三位醫師都是舞林高手，學生時代曾是熱舞社社長或成員，因此點名他們上台表演〈你是我的花朵〉。感謝三位醫師不計形象，在台上

熱情洋溢地演出，讓眾人看到醫師允文允武的另一面。不只如此，我也知道某位醫師是五月天的粉絲，主動幫他點了〈離開月球表面〉，他嘶吼的聲音配上動感的歌詞和旋律，一樣超 High。過程中，我還看到另一位醫師在台下賣力熱舞，馬上 Cue 他上台，兩人在台上一搭一唱，HIGH 翻全場，讓大家見識到「醫師臥虎藏龍」的精彩一面。

晚宴接近尾聲，不少診所院長都肯定活動辦得很成功，毫無冷場。身為活動的規劃者，這就是最棒的回饋，「一出手，就是品質保證。」

> ⚡ **能量站**
>
> 品牌是由內而外展現專業度，無論是氣質、態度、舉止或服裝，都應保持一定的形象，讓人在第一時間就想到你是最佳代言人。只要你一出手，就能令人驚豔，WOW 聲不斷，這就是品牌力。

Chapter 2　行銷力

提升行銷力，
創造源源不絕的鈔能力

創意製造「新」聞，
衝上全國版

　　新聞一般可分政治、社會、生活、財經、科技產業與地方等類型。隨著國人愈來愈重視健康，醫療新聞和醫療節目近幾年備受關注。

　　加入中國醫藥大學新竹附設醫院後，我抱持著新聞魂，以及發新聞是我的競爭優勢，因此，每週發一到兩則新聞，在報紙、廣播、全國電視台和在地電視台都有露出，**有些人可能會疑惑：「這些題材從哪裡來？」「醫療新聞可以每週發稿嗎？」「而且報導率還可以百分之百？」答案是 YES。**

從〈稻香〉到〈尿香〉，輕鬆唱出健康

　　記得剛到醫院時，我看見院長陳自諒在臉書上，分享了一段泌尿科李聖偉醫師和賴俊佑醫師自彈自唱的影片，將周杰倫的〈稻香〉改編為〈尿香〉，以輕鬆幽默的方式，教導民眾認識攝護腺肥大，並預防攝護腺癌。這段影片當時吸引了 6000 多次觀看，我靈機一動，邀請媒體前來醫院採訪。

　　多才多藝的賴俊佑醫師在診間彈吉他，李聖偉醫師則唱著改編的歌詞：「不要怕，泌尿科永遠在你身旁，調整作息、藥物，最後一

招，就是把他刮掉～～還記得你說家是唯一的城堡，快要到家，卻快要禁未條（台語）。」兩位醫師正經八百地夾雜國、台語，用詼諧又寫實的方式進行衛教。看到醫師把改編歌詞唱得這麼傳神，現場的媒體記者都憋不住氣，笑到不行。

當天的採訪爆滿，因為診間不大，還分成電子媒體一批，平面媒體拍照一次，以及廣播媒體錄音一次。兩位醫師唱了 N 次，才結束這次採訪。結果這則新聞衝上全國各大媒體，不僅成功行銷中醫大新竹附醫泌尿科，也透過有趣的衛教形式，告知鄉親如何預防和治療攝護腺肥大、攝護腺癌。

許多病患看到影片都很驚訝，沒想到冰冷的病名也可以變得這麼有創意，既淺顯易懂，又好聽又好記。在醫院草創初期，快速達到行銷目的。

用名字拉近病患距離，增加親和力

某天，一位媒體記者在醫院新聞群組中發問：「請問林圀宏醫師的『圀』怎麼發音？」我一看，也不認識這個字，頓時激起了好

奇心，覺得這或許是一個有趣的新聞題材，於是主動約訪林圀宏醫師。林醫師說，從小到大，他的名字就常被誤讀為「囧」（ㄐㄩㄥˇ），也就是人在「囧」途的「囧」，因此發生過很多有趣的笑話。還有病患在掛號時，會說：「要找林……那個……宏醫師。」林醫師已經習以為常，反而將自己的名字當作看診時的開場白，拉近與病患之間的距離，增加親和力。

林圀宏醫師解釋，「圀」是由唐朝皇帝武則天所創造的字，象徵當時唐朝國土廣大、國力強盛。後來，日本僧人到唐朝學習中國文化，就把這個字帶回日本，日本也有不少人用「圀」字取名。例如，德川家康後代取名「德川光圀」。由於林圀宏醫師的祖父受過日本教育，因此特別為他取了這個名字，希望他成為一名正義使者，而林圀宏醫師果真成為救人無數的仁醫。

這則新聞受到媒體的關注，記者以說文解字的方式報導，非常有趣。林圀宏醫師因此一炮而紅，如今成為心臟血管科的名醫。

⚡ 能量站

醫院創院，新醫師，新醫療器材，都是「新」聞，
透過新聞稿，故事行銷，特殊人物，週週發新聞，
衝衝衝，衝上全國版。

搭上時事，
成功新聞議題行銷

這天，我被通知去開會，是院方針對流感所開設的春節特別門診會議。心中不免嘀咕了一下：「真的有那麼嚴重嗎？」

會議結束後，我隨口問了感染科主任張凱音。他說，光是一個門診，就有三位患者因流感引發肺炎，其中最年輕的患者甚至未滿 30 歲，還有菸癮和肥胖等問題。

我一聽不得了，新聞之神立刻上身，大約花了十分鐘採訪和錄音；回到辦公室後，約 20 分鐘完成新聞稿。我告訴主任，這則新聞必須隔天發稿，因為它有急迫性，請他盡快確認內容。主任也非常給力，立即修正。由於新聞搭上了時事，第二天媒體踴躍報導，還登上《自由時報》即時新聞快訊。當媒體截圖給我時，我也即刻回饋感謝之意，媒體回覆：「你是最懂得掌握時事話題發稿的執行長。」

同一時間，我也將新聞連結傳給受訪的張凱音主任，他則回應：「謝謝執行長！執行長可以開課講執行力嗎？你太強大了」！

在處理這則新聞的過程中，我發現，雖然衛福部和其他醫院也曾發布流感相關新聞，但我研判這波流感來勢洶洶，醫師建議還沒接種流感疫苗者，應該趕快去打，甚至花錢自費施打也值得，否則

高危險群可能因流感導致肺炎併發症，進而造成呼吸衰竭，仍有新聞點。因此，我從流感威力兇猛，可能造成心臟衰竭的新聞角度切入，強調它對民眾健康的威脅，也受到媒體高度的關切。

我習慣在採訪院內醫師時同步錄音，並事先告知醫師，會將錄音檔提供給廣播媒體。因此，當我在錄音時，等於同步完成兩件事，這則新聞不只在平面媒體曝光，廣播媒體也踴躍報導。

搭上時事，登上在美國發行的報紙

2021 年初，大陸禁止台灣鳳梨進口，全台發起「吃鳳梨挺農民」的行動。我靈機一動，與營養師黃琳惠討論，是否可以加入挺農民的行列。他說鳳梨不只助消化，還能抗癌、護心。醫院也將鳳梨納入住院病患的餐點循環菜單中，如鳳梨苦瓜雞、鳳梨拌木耳等，讓患者也能品嚐到鳳梨的酸甜好滋味。

既然鳳梨有這麼多優點，我的新聞魂又上身囉！營養師黃琳惠在採訪中提到，明代李時珍所著的《本草綱目》記載：「鳳梨，補脾胃，固元氣，壯精神，益血，利頭目，開心益志。」根據衛福部食品營養成分資料庫顯示，每 100 公克的鳳梨含有熱量 53 大卡、纖維 1.1 公克，富含維生素 A、B 群、C 等，其中維生素 C 含量是蘋果的四倍。因此，我在新聞稿中強調鳳梨的三大健康益處：助消化、抗發炎和抗癌，以及預防心血管疾病。

同時，營養師黃琳惠也推薦三道鳳梨料理：鳳梨蝦仁炒飯、鳳

梨拌木耳，以及鳳梨鯊冰茶。這則新聞以含金量豐富的內容，配上色香味俱全的鳳梨料理，加上美女營養師擔任鳳梨代言人，不僅國內媒體報導，還登上美國《世界日報》。美國的朋友看到報導後，特別拍照給我留存。

搭配三節節慶，製造新聞話題

醫院的營養師已經被我「訓練」到每年三節都會發揮創意，根據節慶發想出各種新聞題材，為大家帶來不同的健康飲食建議。春節推出「黃耆養氣燉雞湯」和「腸保健康五大招」，第一招：天天五蔬果；第二招：每天喝八杯水；第三招：善用益生菌；第四招：烹調用好油；第五招：運動保健康，希望大家都能「健康腸久」遠離疾病。端午節放「粽」健康吃，推出香噴噴的低卡花椰粽。中秋節則由營養師黃琳惠、陳宛伶和主廚張焌雄，主打健康烤肉餐，推出烤豬肉黃瓜捲佐梅子醬和泰式鮮蝦柚子沙拉，簡單美味又健康。

⚡ **能量站**

搭上時事或是營養師搭配三大節慶，春節，端午節，中秋節，推出健康料理，有「新」意，也是民眾關心有興趣的議題，屢屢攻上新聞版面。

感動的故事行銷，
0元行銷費

　　我也會在獲得親朋好友同意的情況下，將他們的病症經歷寫成新聞稿，作為衛教新知分享。

珍貴生日禮物，難忘的健康領悟

　　50，是一個坎。而我的 50 歲生日禮物，則要感謝「膀胱炎」教會我的事。

　　前一刻，還與家人開心慶生，沒想到下一秒，左下腹開始感覺往下墜，分秒痠痛，猶如經歷滿清十大酷刑，每一秒都有電流竄過身體，疼痛指數直逼生產。立刻急診就醫，經驗尿、抽血檢查後，診斷為膀胱炎。醫師開立口服抗生素，休養兩天後，便重返工作崗位，連續吃了七天抗生素，才終於恢復健康。

　　病痛當下真的生不如死，一旦痛過就好了。很多事情，「再痛苦，一定會過去的。」過去我不太喝水，習慣喝咖啡、奶茶等飲料，加上經常憋尿，導致腎結石發作，因此容易感染，引發膀胱炎。現在的我，每天力行多喝 1500cc 以上的水，不憋尿，還和閨密相約，每天報告喝水進度，督促自己，期望養成良好的生活習慣。

我將這段經歷寫成文章，投稿到《聯合報》。泌尿科醫師李聖偉接受媒體採訪表示，膀胱炎是婦女常見的泌尿道疾病，尤其是水分攝取不足、經常憋尿等因素容易引起尿道細菌感染、膀胱發炎。為了預防膀胱炎，建議維持良好的衛生習慣、規律的生活作息、不可憋尿，尤其要多喝水，水分可以稀釋細菌，每天至少攝取 2000cc 以上的水分，也可吃蔓越莓預防泌尿道感染。

　　親身經歷，加上醫師衛教，這篇文章攻佔《聯合報》三分之二的版面，留下珍貴的紀錄。我後來還把報導裱框，掛在我的辦公室，作為自己 50 歲的生日禮物，也隨時提醒自己保持健康習慣。

　　還有一次慘痛經驗，沒暖身就直接跳了有氧，跟著 YouTube 練習抬腿動作，結果隔天腰部疼痛、腳麻，本來不以為意，沒想到疼痛面積愈來愈大，甚至連開車都覺得無力。經復建科何宇淳醫師檢查後，診斷為「梨狀肌症候群」。除了吃藥、挨針，還進行「超音波導引注射」、復健，以及中醫電針針灸治療。恢復九成後，某次我又穿了高跟鞋，結果「梨狀肌症候群」又復發。這次何醫師建議可以不靠打針、吃藥，改用超磁場治療，治療約八次後，症狀終於得到緩解，逐漸恢復健康，只是從此要和「高跟鞋」說掰掰。

我把切身經歷和治療方式寫成新聞稿發布，何宇淳醫師回饋說，新聞一出來，不少鄉親「只要是屁股痛的」，包括有些痛了10年或20年的病患，都前來就醫。當然，並不是每一個人都是梨狀肌症候群。其實，屁股痛的患者可以選擇復健科、骨科、神經內科、神經外科，或是中醫科等，但是因為新聞效應，報導指出復健科醫師可治療臀痛腳麻，病患就會來找復健科醫師看診，展現媒體報導的影響力。

好友的就醫經歷，成為衛教新知

　　這天，好友告訴我，他兒子為了減重，特別請我們醫院一般外科古君平醫師開刀。我當下覺得奇怪，他兒子怎麼突然決定要減重呢？好友解釋說，他的兒子年滿20歲，立志成為波麗士大人，但由於體重達102公斤，BMI（身體質量指數）為34.3，在錄取率僅約2.5%的激烈競爭下，雖然通過警專筆試，卻因BMI未達標準，體能測驗恐無法過關。為了圓夢，兒子在他的支持下，下定決心甩掉體重。

　　好友哽咽地說，兒子目睹他長年遭受家暴折磨，很不忍心見到他難過。為了保護他，立志成為伸張正義的警察，將來賺錢孝順他。好友是主持人，在麥克風背後，卻隱藏著不為人知的辛酸。離婚明明是前夫的問題，他卻一毛錢都沒拿，忍氣吞聲獨力撫養兒子。兒子如此善解人意，成為他最大的安慰。

經過三個月的治療，他的兒子成功減重 31 公斤。好友與我分享兒子成功錄取警專的消息，他說，兒子已經甩掉從小被冠上的「胖子」封號，現在變得非常帥氣。他囑咐我要好好謝謝古君平醫師，幫助他們美夢成真。

這則新聞有濃濃的洋蔥，一位為了被家暴的媽咪而減重，最終實現夢想成為警察的年輕人，再加上減重前後，高達 31 公斤的對比，非常吸睛。

還有一則新聞也讓我非常感動。退休校長劉秀雲某天打電話給我，表示想將他的親筆畫作致贈給兩位醫師，以表達他的感謝之情。原來，他因為跌倒骨折，痛到幾乎無法行走，就醫發現第一節腰椎出現急性壓迫性骨折，原本 2.2 公分的椎體縮減到只剩 0.75 公分。在神經外科主任江忠穎醫師安排下，進行了俗稱「灌水泥」的椎體成形術，手術隔天就出院，經過復健後已經恢復正常生活，還完成了環島旅行，現在到處趴趴走旅行趣。劉校長特別親手繪製兩幅水彩畫，請我轉交給神經外科主任江忠穎及復健科主任賴宇亮。

聽完他的就醫經歷，我覺得很適合分享給長者作為衛教新知。徵詢他同意後，我撰寫並發布了新聞稿。新聞重點在於江忠穎醫師提醒：病人骨折後處理完急性疼痛，最重要的是手術後的保養，像劉校長的骨質疏鬆數值，經檢測後已嚴重達到 -6.8，而 -2.5 以上即為骨質疏鬆，像 -4、-5 的病患，僅僅咳嗽就可能造成骨折。因此，後續安排他每月注射一次骨質疏鬆針，並補充鈣片和維生素 D。

賴宇亮主任則建議，腰椎間盤骨折術後復健，應以保持並增強

核心肌力為主要課題，進一步由復健科醫師透過口服藥物或引導注射止痛藥物，協助病人控制疼痛。他同時提醒，長者若在跌倒後無法行走，可能會引發泌尿道感染或肺炎等併發症，預防骨折可降低長者死亡率。

病患感謝醫師，報導最佳題材

有一次，我幫一位醫師寫了一篇新聞。某天，這位醫師傳 Line 給我，他在 Google 上搜尋「癌症」時，竟在第一頁跳出了他的新聞。他開玩笑地問我：「你花了多少宣傳費？」我斬釘截鐵地說：「0元、0元、0元。」

這是一則感動溫馨的新聞。86 歲的乳癌阿嬤，因呼吸困難而陷入昏迷，家人緊急送醫。診斷為心臟衰竭導致肺積水，並出現多重器官衰竭和肺炎等病症。經內科系副院長劉俊廷醫師、血液腫瘤科蔡明宏醫師和加護病房醫師的緊急搶救，透過藥物治療和悉心照護，阿嬤已經出院，和家人過著健康生活。出院前，阿嬤感謝醫護團隊將他從鬼門關前搶救回來，阿嬤的兒子更說，醫師是他母親的救命恩人，希望阿嬤的故事能夠增加其他罹病長輩的信心。

不少人可能曾面臨自己或家屬從鬼門關走一回的經歷，無論是重大疾病或疑難雜症，醫護團隊的努力常常讓病患重獲新生。透過報導，患者可以獲得信心，尋求治療。

新聞的本質在於「新」，無論是創新議題、時事搭配，還是感

人的故事，都是吸引目光的關鍵。若能獨家報導，更能彰顯新聞的珍貴，所以發新聞一定要有新聞梗，記者才願意來採訪，也才有機會登上版面。**有些人誤以為，只要花錢置入，就可以買新聞，事實上，有些媒體即使有錢也買不到，而且民眾是很聰明的，過於明顯的置入很容易被看破，反而不見得有好感度。**

實際上，站在民眾的立場，透過新聞報導宣傳醫療新知，更容易被接受。尤其是當病患願意曝光，現身說法感謝醫護協助，更具說服力。

🔋 能量站

透過議題操作和故事行銷，0 元費用也能攻上 C 位重要媒體版面。透過案例，成為民眾的衛教新知。每一位患者背後，都有感人的故事，醫師不是神，但是當醫師治癒病患，成為患者的救命恩人，那份感動是無價的。

癌症病人教會我的事，
無可救藥的樂觀

即便離開電視記者崗位多年，我對新聞的熱愛絲毫不減。在醫院裡，每一則新聞，都是我親自採訪醫師或患者或家屬。在採訪過程中，也挖掘出不少感動人心的故事。

「哇！搞這麼大陣仗。」那天，正忙於記者會的準備工作，我看到一個高大的身影走過來，馬上回應：「你是容毅燊嗎？」

他回答：「不是。」

咦？認錯人了？場面一度尷尬。

我弱弱地再問一次：「請問您是？」「我是容毅燊啦！」

天啊！一個罹癌的人，怎麼可以這麼幽默，這麼愛開玩笑。一見面，我就見識到他的積極樂觀。

積極面對！籃球員容毅燊的抗癌故事

新竹職籃攻城獅球員容毅燊，被診斷出睪丸癌第三期，主治醫師血液腫瘤科蔡明宏醫師邀請他來醫院分享抗癌經驗，他二話不說立馬答應。他坦言，剛得知自己罹癌時，其實不太能接受，完全沒想到這種事會發生在自己身上。後來仔細想想，既然事情已經發

生，只能積極面對。隨後，他又開始耍幽默，吐槽蔡明宏醫師「虐待」他，因為治療過程中，一吃東西就想吐。有段時間他覺得後背非常疼痛，坐立難安。醫生解釋，這是細胞造血時的正常反應。

歷經將近八個月的治療，容毅燊的癌指數從 27 萬降到 0.7。根據醫師的說法，他的身體已經沒有癌細胞，抗癌成功，未來只需持續追蹤，很快就能重返球場。

我想為容毅燊拍拍手，他的積極樂觀戰勝了癌症，感謝他勇敢站出來分享自己的抗癌經驗。**不要以為不可能，不會是我，凡事都有可能，明天和意外不知道哪個先到，癌症從不預約，可能隨時找上任何人。**罹癌後難免會有低潮期，但容毅燊教會我們：「面對它、治療它。」雖然治療過程中充滿不適，但一切都會過去。只要經過適當治療，並且持續追蹤，仍有機會和正常人一樣享有健康生活。

80 歲肺癌第四期阿嬤 穿高跟鞋出席分享會

楊婆婆，80 歲，當天精心打扮，穿著高跟鞋，氣色良好，在女兒陪同下現身分享會。四年前，他因為氣喘和咳血，腫瘤壓迫加上肺積水，喘到必須坐輪椅，並戴氧氣筒到醫院治療。沒想到病情急轉直

下，被胸腔暨重症科醫師診斷為右中葉肺鱗癌合併骨轉移第四期，一度考慮放棄搶救。經過化療與免疫治療，加上雙免疫藥物，四年來病況已經改善，目前穩定治療中，已不再需要服用任何腫瘤藥物。

整個療程歷時兩年。結束前，醫師安排他進行正子斷層掃描，發現原本 3.8 公分的腫瘤已無惡性腫瘤的活性，代表在經過治療後，自身的免疫力已經提升到可以控制並消滅腫瘤。醫師決定停止所有癌症治療，後續僅需透過電腦斷層持續追蹤即可，從最初每三個月追蹤一次，到現在已經變成每六個月追蹤一次，至今沒有任何復發跡象，楊婆婆甚至連一顆抗癌藥都不用吃了。

放腫科郭于誠主任指出，「當初來到我的門診時，楊婆婆的狀況真的很不好，不只喘又咳血，每天肺積水抽取高達 600cc，躺在病床帶著氧氣筒，連我自己都沒把握可以救活婆婆。」楊婆婆一度表示不想連累家人，希望順其自然。但郭于誠主任對他說：**「真正的順其自然是用盡全力後的不強求，而非兩手一攤無作為。不要輕易放棄治療，我們一起努力。」**一年後，楊婆婆病情獲得控制，從原本只能躺在床上的病人，變成盛裝出席分享會的主角。他的故事激勵了許多徬徨無助、已經打算放棄的人。

郭于誠主任與楊婆婆約定，等他不需要吃藥的那一天，還要再辦一場分享會。這個約定給了楊婆婆無比的動力，讓他一定要達成目標，因為他知道許多人需要他，而他也辦到了！醫院再度幫楊婆婆舉辦分享會，當天出席的患者，聽到楊婆婆這麼令人振奮的治療過程，都燃起希望，相信自己也能像楊婆婆一樣，重新成為自己生命的主人。

治療癌症最佳良藥：樂觀

「做化療掉頭髮，應該會很沮喪難過吧？」在一場癌症座談會上，我採訪一位癌症患者。他摸摸自己的光頭，笑著對我說：「我現在就跟血液腫瘤科鍾智淵主任一樣，變成光頭了。」

這位患者罹患的是胰臟癌第三期，被稱為癌中之王，被他院醫師預測存活時間可能不到一年。但他竟然如此樂觀，到底是怎麼做到的？鍾智淵主任表示，除了接受化療和放療等藥物治療外，這位病患每天下田種植有機作物，活動筋骨，流汗、曬太陽，並吃健康的有機飲食，保持樂觀心情，透過調整身體代謝，改善體質，讓身心靈達到舒服自在，健康狀態也漸漸好轉起來。

「真的假的？」我張大眼睛，一臉懷疑的樣子。鍾主任說：「不然你問他。」

因為化療掉髮，變成光頭，但他毫不在意。即使被宣判生命可能不超過一年，他仍然聽從醫師的建議，最終打敗了癌症。**無可救藥的樂觀和喜樂的心，是治療癌症的最佳良藥。**站在我面前、元氣滿滿的患者，就是最好的證明。

⚡ 能量站

如果連罹癌病患都這麼樂觀，我們健康的人，還有什麼理由抱怨和不開心呢？透過故事行銷，幫助更多的患者和家屬燃起希望，勇敢面對未來。

媒體行銷策略，
提升醫師和醫院知名度、增加門診量

攻讀清華大學科管院健康政策與經營管理碩士在職專班，在丘宏昌教授的指導下，我的論文透過深入訪談的研究方法，針對中醫大新竹附醫成立四年來，發布新聞稿次數前十大的醫師進行訪談，分析媒體行銷策略，是否有助於醫師提升知名度，並增加門診人次。

院長陳自諒表示，中醫大新竹附醫的定位是「救急、救心、救腦、救命」，希望成為一所國際級醫學中心。由於醫院鄰近科學園區、工研院等科技重鎮，目標客群主要鎖定園區科技人，他們習慣在看診前，先上網搜尋醫療資訊。剛開始醫院在新竹開業，人生地不熟，只能依靠媒體的力量，讓鄉親快速認識醫院的醫師和醫療設備，結果證明此一策略是成功的。

媒體曝光，迅速提升醫師知名度

已經在診所開業的身心科周伯翰醫師提到，剛到中醫大的前兩三週，如果一週有八個診次，竟有兩到三個診次完全沒有病患。開院後，他發表一篇新聞稿〈竹竹苗第一，經顱磁刺激術跟憂鬱說掰掰〉，大大增加了曝光度和知名度，病患暴增。

神經科主任陳睿正提到，他曾投稿一篇「神波刀可以治療帕金森」的文章，刊登在《自由時報》的全國健康醫療版。新聞曝光後的兩到三個禮拜，陸續有遠從花蓮、台東、宜蘭與屏東的病患拿著報紙前來就診，可見媒體的曝光度確實有助於醫師知名度的提升，以及門診人次的增加。陳睿正主任補充，他觀察到老人家通常會拿著報紙報導前來就診，而年輕人則較倚賴網路搜尋來選擇醫師，這對新醫師有很大的助益，因為即使是有特色的醫師，如果沒有透過媒體報導，往往不易被發現，只能透過口耳相傳。但建立口碑需要時間，所以媒體曝光很重要，能迅速提升知名度。

中醫科鄒曉玲醫師也分享，自從來到中醫大新竹附醫後，《自由時報》報導了他的文章〈小孩如何長高高？中醫師：掌握這些轉骨好時機〉。同時，院方幫他製作了一集「醫起 go 健康」的影片，主題為「轉骨湯搭配骨齡檢測，讓孩子長高高！」這部影片除了在 YouTube 上播放，也在醫院大門口的 LED 大螢幕和中醫科候診區的電視播出。他發現，不少民眾在待診時看完衛教影片後，進入診間也會一併關切孩子身高的問題，然後改天就會帶著小孩來看診。印象中，還有家長專程從台北帶著小朋友前來。鄒曉玲醫師提到，

以台北市中醫科的醫療資源來看，透過中藥幫助孩子長高非常普遍，但可能因為透過媒體報導，增加可信度，讓他們願意千里迢迢從台北來新竹找解方。

急診科游俊豪主任表示，新竹縣市目前有八大責任醫院，每家醫院要發展其醫療特色，就必須依靠媒體行銷。急診室的病患不少來自救護車，因此透過媒體報導，讓消防局更加了解新竹附醫的醫療能量，進而「宣傳」醫療特色。過去遇到類似病症，可能要轉往外縣市就醫，現在可以留在當地治療，有更好的預後，不需要轉院。由於院方的安排，配合 COVID-19 新聞時事，游俊豪主任上過 TVBS 的《少康戰情室》，不少親朋好友都說在電視上看到他，並看到螢幕上顯示他的頭銜是中醫大新竹附醫急診室主任，這是很好的宣傳效果。

透過媒體，傳遞正確衛教知識

內科部長林圀宏醫師強調，媒體報導不一定要聚焦驚天動地的醫療事件，許多民眾在意的「小事情」，透過報導，幫助民眾找到合適的醫師。他以心臟科心導管電燒手術治療心臟病患者為例，一般醫院都可以進行這項手術，但他引進零輻射新技術，透過 3D 立體定位執行心律不整的心導管治療，讓病患在零輻射情況下完成手術，減少病患和醫師的風險。他說，「我在做零輻射手術時，都沒穿鉛衣，這對病人和醫師都多一層保障。」結果，這則新聞一發布，不少民眾對零輻射技術的接受度大幅提高，連新竹在地龍頭醫院也

跟著引進這項技術。

感染科主任張凱音則提到，院方透過媒體傳遞正確的衛教知識，影響年輕人關心家中老人，或讓老年人透過新聞報導來就診。新醫院帶給民眾新知，讓民眾更快認識醫院，找到適合的醫師。院方也會結合民眾關心的議題或時事發布新聞，提供正確的衛教訊息，協助民眾解決疑惑，關切自己的身體。

眼科主任陳瑩山分享，他寫文章時總是從病患的角度出發，以病人的經歷切入新聞點。他曾寫過一篇名為〈孕婦營養補充品的諾曼地大登陸〉的文章，解釋孕婦和諾曼地登陸的關聯。他強調，諾曼地登陸發生在 6 月 6 日，而孕婦在懷孕六個月後，應格外重視胎兒的營養補充，因為此時母體的營養會「登陸」到嬰兒身上，就像諾曼地登陸一樣，文字淺顯易懂。陳瑩山主任提到，他和媒體的關係是：「只要來找我，我一定給你新聞，給你案例。你沒有新聞，沒有人可以採訪，都可以來找我，我會給你新聞梗。」他還會主動提供照片或影片給媒體，媒體一通電話使命必達，記者採訪則有問必答，因此，他的案例常常被報導，也增加知名度和門診人次。由於懂媒體、懂新聞梗，陳瑩山主任主動提供的新聞常登上全國版面。

乳房外科主任古君平提到，醫院多次發布乳癌相關新聞，例如，「國二女罹病，乳房纖維腺瘤年齡層下降」、「微創手術傷口小，乳房不變形」以及「乳癌年輕化且有增加趨勢，中西醫整治照護身心靈」。隨著更多年輕女性看到報導後，開始重視乳房健康，

主動做例行性檢查，讓他特別有感。新聞曝光前，乳房疾病的門診人次平均每診約 15 人；但在新聞接連曝光後，前來看診的患者立刻翻倍成長，達到 30 人左右，讓他感受到媒體行銷的「威力」，快速提升門診人次。

復健科醫師何宇淳提到，〈鈣化性肌腱炎痛起來要人命，體外震波與超音波導引灌洗整合治療〉，這則新聞的回應「蠻嚇人」，竟有遠從屏東、高雄、台北的病患表示，看了報導後特意前來求診。這篇媒體報導，對於整合性治療的步驟寫得非常清楚，讓病患對醫師的治療更有信心。

新媒體時代的醫療行銷策略

綜合以上的訪談和分析，媒體行銷策略確實有助提升醫師和醫院知名度和門診量。

1. 根據醫師的深度訪談，大家一致認為媒體新聞行銷，對提升醫師、醫院知名度和門診人次有顯著幫助。

2. 醫師強調，定位很重要，醫療特色要有差異性。

3. 產品的品牌建立應著重於治癒民眾、解決問題，透過媒體報導吸引民眾前來看診，重點仍是看診後的口碑，才能口耳相傳。

4. 醫院應與公部門合作，或是和診所雙向轉診，透過媒體報導，互相了解醫療能量。

5. 病患普遍相信媒體報導，在看診前會透過 Google 查詢資料，因此，新媒體在醫療行銷中扮演關鍵角色。

6. 媒體行銷需掌握時效，即使其他醫院也有相同的治療或手術，透過媒體掌握話語權，可迅速成為民眾心中的首選品牌。

7. 新醫院更需要仰賴媒體行銷，能在短時間內增加曝光度，快速累積病患。

8. 媒體行銷是兩面刃，正面行銷可累積知名度，一旦口碑不佳，亦會影響病患就診意願。

9. **主管的態度決定媒體報導的正面效果。中醫大新竹附醫院長陳自諒認同媒體對提升門診量的幫助，並授權醫院週週發布新聞。**

10.**醫院的媒體行銷應由專人負責，具媒體經驗者更具優勢，不僅有媒體專業，更可善用過往媒體界的人脈，協助醫院增加曝光度。**

尋求跨領域合作，
開拓醫療市場

　　過去我在新竹縣政府服務期間，與前新竹縣消防局長、現任台中市消防局長孫福佑，在議會備詢台上是「鄰居」，比鄰而坐，彼此協助，產生了革命情感。來到醫院工作後，我認為醫療、消防不可分，因此主動聯繫孫局長，尋求合作機會。由於消防局每年會印製約九萬份消防猛男月曆，我便毛遂自薦，表示希望醫院也能登上版面。感謝消防局的創意，急診專師陳豔晴是新竹縣消防救護志工，由他搭配一名消防員，拍攝搶救病患的畫面，背景則是醒目的醫院外觀。這張照片成為 2021 年 9 月新竹縣消防猛男月曆的主角，對新醫院的行銷效果，無疑如虎添翼。

　　此外，我過去在新竹縣文化局的同事——文化局圖資科長李佩璇，發起新竹縣「喜閱節 X 台灣閱讀節」活動，希望邀請醫院參與設攤。他第一時間就想到我服務的醫院，我馬上答應，並且連續幾年熱情參與。活動期間，我們出動兒科、中醫科、家醫科醫師和藥師等跨科室團隊，透過闖關遊戲和機智搶答，讓家長和小朋友對自己身體有更深入的認識。現場有任何疑難雜症都可以諮詢醫師，機會相當難得。

　　醫師深入社區服務，和家長、小朋友近距離接觸，可以增加醫

院的能見度；對縣府和文化局來說，有醫師共同參與活動，是醫療結合文化的創意之舉；對鄉親來說，則無須到醫院等待看診，就可以當場詢問醫師，可說創造了三贏的局面。

醫療院所成為影視基地 天心當女主角

院長陳自諒一向支持國片，對於影視劇組前來拍攝，採取開放的立場，加上配合度高，因此在影視界建立了好口碑。

我對魏德聖導演的印象，仍停留在《海角七號》創下的破億票房紀錄。沒想到魏導為了拍攝《BIG》，從兒童的視角出發，講述了一個抗癌兒童的感人故事，還親自到醫院取景拜會。他非常謙虛，表示希望醫院給予支持，並在拍攝結束後，錄製了一支影片，「感謝中國醫藥大學新竹附設醫院提供漂亮的診間、治療室和手術房的走道，讓劇組順利拍攝完畢。」當我在電影院看到這部電影，出現熟悉的醫院場景時，內心非常激動。感謝魏導拍出如此優質的電影，尤其片尾還特別感謝了陳自諒院長和我，讓我十分感動。

《最佳利益 3》的女主角、金鐘獎女星天心也曾來院拍攝。原

本以為巨星會很大牌，但他一見面就非常謙虛，感謝院方提供很棒的場地，並主動握手致意，非常親切。另外，由程偉豪導演執導，張震、張鈞甯領銜主演的《緝魂》，是一部新黑色科幻犯罪懸疑片，在第 58 屆金馬獎大放異彩，部分電影場景也取景於本院，讓人與有榮焉。醫療和演藝圈的合作，猶如魚幫水、水幫魚，透過電影電視宣傳，也是另類的醫療行銷。

醫療跨界藝術，療癒身心

在過去的文化局工作經歷中，我結識不少藝術家與文化工作者，當時的表演藝術科科長、現在是新竹縣文化局祕書郭秋燕，有次在閒聊中靈機一動，推薦名冠藝術館總監陳昭賢來醫院策展。一提到陳昭賢，我馬上「驚為天人」，他以展出國內外知名畫作聞名，我擔心醫院的經費恐怕無法符合對方的期望。郭秋燕卻說：「先約了再說。」於是，我們相約在醫院大廳會面，陳昭賢總監獨具藝術眼光，認為從醫院一樓到地下室的空間新穎寬敞、視野良好，是絕佳的藝術展出地點。

陳昭賢總監也非常阿莎力地說：**「錢不是問題，我們的交情，不是用錢可以衡量的。」** 他希望透過此次合作，提供就診鄉親舒適且賞心悅目的環境，藉由藝術之美陶冶心靈，提升病人照護的優質空間。

我們理念一致，都希望將美的意境帶給病患。感謝院長陳自諒

大力支持，很快成立了中醫大新竹附醫藝廊，開幕第一場記者會，我們邀請到八位藝術家展出 40 幅畫作，包含被尊稱為「現代水墨之父」的藝術家劉國松、已故的日本藝術家佐藤公聰等人作品，令人驚豔。隨後，我們還搭配母親節，推出藝術家梁奕焚的「黑美人」系列，他作品中的女性展現了溫柔婉約、含蓄慵懶、優雅端莊等特質，表達對母親的思慕之情，並感謝媽咪們辛苦的付出。

我和姊姊張宜如以及女兒蔡彤恩，都喜歡畫畫。陪伴姊姊 17 年的狗兒子小乖，到天上當了小天使，他非常思念小乖，因此，我們一家「三朵花」聯手舉辦畫展「無盡的愛」。姊姊特別展示了在疫情期間創作的暖心插畫作品，作品中融入藍鯨、彩虹和浪漫的糖果色系泡泡雲朵等元素，並設置了一面大型拍照牆，希望以藝術撫慰飽受疫情侵擾的苦悶心靈，鼓勵在第一線辛苦防疫的醫護、警消人員，同時藉此幫助更多浪浪找到溫暖的家。我平時會透過油畫紓壓，特別喜愛梵谷和莫內的作品，因此規劃了「向大師致敬」系列展覽，其中一幅鳶尾花畫作，是我幾年前就夢想復刻並掛在客廳的。感謝女兒蔡彤恩共同合作，我們一起完成這幅作品，現在也美夢成真掛在客廳中，為家裡增添藝術色彩。

藝廊陸續創新策展，由匯客市藝文設計總監蔣育鳳策展，邀請女性藝術家推出「永遠少女心」特展，展出充滿粉紅甜美感的少女心畫作，加上藝術裝置特展，非常療癒。知名淡彩藝術家施雪紅老師，在現場展出 21 幅可愛溫暖風格的畫作，屢次在美展中獲獎的藝術家黃孟玲老師，則透過女性議題的油畫，細膩描繪心中的純真，將女性作為女兒、妻子、母親和職業婦女等角色的內心轉變，

詮釋得淋漓盡致。

　　這項展覽更將畫作與裝置藝術和香氣結合，打造出獨特的感官體驗。兩位新銳裝置藝術家林千棉、李昕諭以植物紙創作出各種花樣，並搭配幸運草與畫作的色彩，將愛心、棒棒糖、花束、星星等元素，巧妙融入施雪紅老師的畫作。而黃孟玲老師的畫作〈我相信〉、〈夢不落〉則化身為六座裝置藝術，喚起觀賞者內心的純真感動與對夢想的追尋。特別的是，這六座裝置藝術暗藏芳香，由專研植物芳香療癒的蔡銀杏老師，特別為每一座藝術裝置調製獨特的香氛，讓觀賞者在滿足視覺與觸覺之餘，還能喚起嗅覺的感受，可謂一項充滿創新的新世代創作。

　　這場展覽完全由六位藝術家出資完成，他們的初衷是有趣、好玩。「要展出，就要展出最好的」，**一定要創新，讓人一眼就驚豔**。當然，我也善用媒體行銷的力量，讓更多人透過媒體報導或短影音，欣賞藝術展覽。

　　每當走在醫院大廳或地下室，我都覺得好像置身在藝廊，四周充滿藝術人文氣息，打破一般醫院給人冷冰冰的印象。現在連健檢中心和藥劑科，也由陳昭賢總監策劃展覽，看到病患或家屬在畫作前駐足欣賞，我常有種莫名的成就感。營造具有藝術文化氣息的醫院，提供友善的就醫環境，**不僅打破同溫層，還打造出醫院的人文藝術品牌，吸引更多藝術家前來展出。**

醫療跨域合作體育，行銷無極限

2023 年，院方和新竹職籃新竹攻城獅合作，成為球隊「唯一指定的醫院」，為球員的健康把關。這段結緣來自院長陳自諒，他本身熱愛籃球，也是球評，促成此次合作的因緣。

為了這項合作，院方組成醫療團隊，整合骨科、復健科、急診科、中醫科、營養科、心理師及其他專科醫師，提供全方位的高階健康檢查與完善的醫療資源。這項服務以球員的腦、心、肺功能及頸椎、胸椎、腰椎和膝蓋評估為重點，為球員建立健康檔案，了解個別狀況。一旦球員受傷或需要就醫時，立即進行治療，從高階健檢到治療與復健，提供精準的醫療服務。在新竹縣的熱身賽或例行賽中，院方醫師和護理師都會駐點支援，同時，中國醫藥大學新竹附設醫院的廣告在比賽會場不斷輪播，大大增加醫院的曝光度，行銷效果無極限。

成立音樂志工，把國家音樂廳搬進醫院

出乎意料，竟然遇到「高手」！還有人比我更熱情、更有執行力。

有一天，病患詹照鈞先生為了感謝醫護人員，特別安排嵐韻箏樂團到院演出。和詹先生聊天時，他提議應該比照其他醫院，放置鋼琴。我心裡想著：「院方目前以醫療為主，應該還沒有要買鋼琴。」

看我還在猶豫，詹先生立刻說：「我來捐琴。」接著，過了一會，他又說：「有人願意捐古典鋼琴。」

我還在思考醫院是否有貨車可以運送鋼琴時，心想：「可能還要問院方。」結果，他就傳 Line 給我，搬家公司會把鋼琴搬到醫院。然後，過了兩天，鋼琴就出現在醫院了。原來，捐贈鋼琴的是徐瑄杰、溫秋桃夫妻，巧的是，他們的兒女曾是我在新竹縣文化局的同仁，因為這個巧妙的緣分，夫妻倆二話不說，無償捐贈直立鋼琴。

為了讓這台鋼琴發揮更大的價值，我們召募音樂志工，營造溫馨的粉紅氛圍。我特別邀請新瓦屋滙客市總監、花藝志工蔣育鳳，精心布置場地，他積極參與醫療公益活動，不僅有粉紫系列的花束，還有卡哇伊的熊寶貝，讓會場充滿浪漫的少女心氛圍，希望為病患和家屬創造一個療癒的空間。連鋼琴捐贈者溫秋桃夫妻都說：「只是送一台鋼琴而已，居然能創造出這麼多不可思議的事情，鋼琴不只是鋼琴，院方創造力不斷突破。」他們的女兒徐佳陵也讚嘆：「這真的讓人幸福感倍增，感動耶！」

我們也在大廳舉辦新春音樂饗宴，邀請四位音樂志工學生和音樂家來院表演，主打長笛、豎琴和鋼琴演奏，並搭配大提琴、打擊樂等樂器，表演曲目膾炙人口，迴響熱烈。其中兩位表演者，還是榮獲總統教育獎的施覃、施翯兄弟，雖為自閉症患者，卻極具音樂才華。

把攝影棚搬進縣政府，正面行銷政策

剛從電視台轉換跑道，進入縣府工作時，我向縣長邱鏡淳建議，可仿照電視台，在縣府成立一個攝影棚，於是規劃了《鄉親大小事》節目，透過專訪縣長及其他貴賓，行銷縣府政策和活動等。

擔任新聞機要後，受到邱縣長拔擢，擔任文化局長，從幕後走到幕前，更有機會掌握話語權。我依然按照新聞節奏，適度曝光文化新聞。不少媒體好友說，我真的很幸運，遇到一位好老闆。為什麼呢？俗話說功高震主，但邱縣長不只不害怕我「搶」他的新聞版面，還對重要幕僚說，我在文化局的工作如魚得水。

真的非常佩服邱縣長的遠見，在十多年前，「很勇敢」、很有創意地找媒體人進入縣府，負責新聞行銷與媒體溝通。如今，不少媒體人都進入縣市政府或企業擔任發言人，印證了他的前瞻性眼光。

把攝影棚搬進醫院，製作衛教節目

你可能會問，醫院有攝影棚嗎？其實，在診間、手術室等場地，都可以成為臨時攝影棚，我也跟上風潮，將在電視台和縣府攝影棚的運作經驗搬進醫院。

一開始完全沒有剪片的基礎，只好硬著頭皮請同事教我最簡單

的剪輯方式。錄製過程中，沒有攝影棚，沒有燈光，只有我自備的小腳架、手機自拍和有線麥克風，一個人操作，還要測試畫面 ok 不 ok。幸好，醫師們都非常有耐心地配合。拍完影片後，還得自己剪輯、上標題和口白，就這樣完成了簡單的衛教影片，也度過一年。

後來，極力向院方爭取專業的影片拍攝人才，幸運的是，院方非常支持，終於有了小幫手的加入，幾乎實現專業攝影棚的概念。我和同仁開始製作更專業、更優質的衛教影片，從片頭設計、音樂運用、議題發想、下標題、製作特效等，我一手包辦主持人兼製作人兼導演。每集固定邀請醫師針對議題製作約 10 分鐘的影片，然後放在 YouTube 上，同時也在診間外的電視播放，讓民眾在候診、等待批價或領藥時，無形中受到衛教影片的「洗腦」。

影片播出後，醫師們紛紛表示驚豔，覺得非常專業，感覺就像在電視台錄影。甚至有醫師傳簡訊感謝我製作的衛教影片：「需要跟你說聲謝謝。最近門診好幾位患者說，看了你做的 YT 影片，跑來門診看診。」

不只製作影片，還要感謝亞太電台總經理郭懿堅給我發揮所長的機會，主持每週一集的《宜真醫週報》節目。一開始只在廣播電台播出，錯過了就無法再聽到。我將「廣播電視化」，在錄音室同步錄影，並將節目放在 YouTube 和 Podcast 平台。錄製一集節目，有廣播、Podcast，又有 YT 與短影音，並在醫院播放，達到一魚多吃的效果。

⚡ 能量站

醫院透過跨域結合，打破同溫層，擴大醫療市場。同時，善用數位工具，不僅擁有官方YouTube頻道，還利用 Podcast、Instagram 和臉書作為媒介，讓衛教影片達到多元行銷，提高醫院能見度，加深民眾對醫院品牌的印象。

週週發新聞，
衝上全國版的葵花寶典

「**為什麼每週都可以發新聞？新聞題材哪裡來？**」如何維持六年來，每個禮拜至少發一則新聞？我的答案是透過病患感人感謝故事、醫師臨床經驗和醫院舉辦活動等，寫成新聞稿，透過媒體報導，讓病患更認識醫院、醫師和醫療新知。

以下是維持新聞定期發布的策略：

1. **分享治癒個案**：針對重大疾病或疑難雜症，報導醫護團隊如何讓病患重獲新生。透過報導，給予類似病症的患者信心，鼓勵他們尋求治療。

2. **宣布引進尖端醫療儀器或新穎醫學技術**：例如引進達文西第四代 Xi 機器手臂，邀請媒體採訪報導，提升醫院曝光度。

3. **成立專業中心**：如成立癌症中心、細胞治療中心、腦中風中心、AI 微創脊椎中心、智慧診斷暨卓越內視鏡手術治療中心等，提供特色醫療服務，推動尖端治療，強調以病人為中心的醫療照護。

4. **提供醫療新服務**：推出便民一站式服務，避免患者久候。例如，針對乳癌患者，從檢查到病理報告出來，醫護團隊能在一到兩週內提供病患完整治療方案。

5. **醫師警語**：針對未來疾病趨勢提出警告，例如，眼科醫師提醒家長，兒童長期倚賴 3C 產品，可能導致白內障年輕化。

6. **配合節慶活動**：每逢節慶，都可搭配衛教知識進行宣導。例如春節、端午節、中秋節時，營養師和主治醫師聯合推出健康食譜；元旦寶寶和國慶寶寶則搭配母嬰幼兒衛教訊息。母親節提醒女性重視子宮頸、乳房等檢查；父親節則提醒男性注意肺癌、攝護腺癌等疾病檢查。

7. **事件行銷**：COVID-19 疫情期間，從如何預防、是否接種疫苗，到確診後如何就醫，都是新聞事件行銷的焦點，成為民眾關注的重點。

8. **議題行銷**：配合新聞時事，發布相關醫療訊息。例如，天冷時邀請中醫師或心臟血管科醫師，提醒大眾注意心肌梗塞問題。連假學生如何收心？可透過身心科醫師提供相關建議。

9. **故事行銷**：透過醫護人員的故事，贏得鄉親信任。例如，心臟血管科醫師林圉宏的奇特名字，增加問診親切度；泌尿科醫師李聖偉、賴俊佑改編周杰倫的〈稻香〉為〈尿香〉，提醒民眾

及早關注攝護腺肥大等症狀，並儘速就醫。

10.**跨域合作**：和醫療院所或縣市政府或企業合作，例如，兒科和新竹縣文化局在閱讀節宣傳親子共讀，或與新竹職籃攻城獅球隊合作，從高階健檢到復健，無縫接軌地守護球員健康，全面提升球隊的醫療照護效率，善盡社會責任。

11.**鼓勵醫師投稿**：透過人脈和管道，協助醫師將衛教文章投稿到媒體或其他雜誌，增加醫師曝光度。

12.**爭取醫師曝光**：協助安排醫師參加全國電視台健康節目，提升曝光率。節目除了在特定時段播出，還會製成 YouTube 影片，供觀眾隨時回看，增加點閱率。尤其在 COVID-19 疫情期間，電視台特別開闢時段，不定期邀請醫師參加訪談，醫師配合節目以專業衛教知識提醒民眾，搶攻全國電視台版面，擴大影響力。

13.**行銷藝文活動**：中醫大新竹附醫藝廊定期策展，邀請藝術家介紹創作理念，或舉辦音樂志工表演，都可成為新聞題材。

善用院內行銷平台：

1. **官方網站**：官網是醫院的門面，因此在醫師介紹頁面中，也同步附上該醫師的新聞連結，讓民眾在掛號時，能透過媒體報導，進一步了解醫師的專業背景和醫療特色。

2. **門診表**：每個月發行萬本門診表，介紹醫師學經歷與醫療專長，幫助病患認識新醫師。

3. **電視牆宣傳**：在大廳、候診區、批價櫃檯和領藥櫃檯等區域，透過 LED 大螢幕或電視播放衛教影片，利用病患或家屬等待的時間，傳遞醫療資訊，增加衛教知識。

4. **營造藝文空間**：成立中醫大新竹附醫藝廊，定期邀請國內外知名藝術家展出作品，或與公益團體合作策展，營造有溫度的醫療環境。藝術療癒有助於病患獲得較好的疾病控制，提高生活品質。

5. **舉辦活動**：定期舉辦各類活動，與外界進行溝通。例如週年慶活動，向民眾展示歷年來的醫療成果，不定期舉辦癌症健康講座等。

自製影片與自媒體行銷：

1. **自製衛教節目**：製作《醫起 GO 健康》節目，設立主題，透過訪談醫師，製成節目在網路播放，也在診間外播放，讓候診民眾能同時掌握醫療訊息。

2. **製作廣播節目**：與當地亞太電台 FM 92.3 合作《宜真醫週報》，每週訪問醫護人員分享衛教新知，不只透過聲音傳播，也錄製成影片在網路平台宣傳，並於 Podcast 等社群平台播放，擴大節目影響力。

3. **FB 和 IG 宣傳**：FB 幾乎每天更新，包含衛教新知、民眾對醫護人員的讚美等，增加民眾對醫療品質的信心，同時也激勵醫護同仁。此外，院內重大事件或政策，也會公布在 FB 和 IG。

醫療走入基層：

1. **定期舉辦基層醫療診所交流**：由院長陳自諒率領醫護團隊，和基層診所院長交流餐敘。當年醫院剛成立時，診所「恐懼」大醫院來「搶生意」；六年來，隨著院方落實「醫療分級、雙向轉診」政策。輕症交由基層診所處理，急重症轉診至中醫大新竹附醫，雙方建立信任，共同守護在地民眾健康。定期餐敘交流，有助互相認識和了解新醫療設備，提升醫療品質，造福鄉親。

2. **走入社區**：安排醫師走入科技園區或鄉鎮市社區等，與民眾近距離互動，傳遞衛教新知，並配合政府政策舉辦健康篩檢活動，涵蓋癌症篩檢與慢性病篩檢，找出高危險群民眾，達到早期預防之目的。

3. **社區醫療專車**：在竹北、關西、新豐、新埔等地，設有免費接駁專車，解決民眾就醫的交通問題，增加醫療服務的便利性，提升醫院的就醫可近性。

領導者營造企業文化，醫師習慣面對鎂光燈

身為負責媒體行銷的幕僚，必須和老闆「洗腦」：正面新聞要「小題大作」，而負面新聞則要「大題小作」。在當今的新媒體時代，負面新聞的曝光是不可避免的，絕對不可能不播出或撤稿，關鍵在於如何將傷害降到最低。

我非常幸運，遇到兩位非常尊重專業的老闆——前新竹縣長邱

鏡淳和院長陳自諒，他們從不插手新聞事務，而且非常重視及尊重媒體。在縣政府，大大至少發一則主新聞；在醫院，從創院六年來，週週至少發一則新聞。因此，不論縣府的局處首長，或是醫院的醫師，都習慣面對媒體，面對鎂光燈焦點。

在白色巨塔中，要隨時約訪醫師並不容易，可能需要層層上報，等待時間漫長，甚至石沉大海。然而，本院醫師配合度非常高，有時甚至會臨時出面「救援」，還被訓練到會寫新聞稿。醫師忙看診、忙開刀，怎麼還能抽出時間寫新聞稿？但本院醫師似乎都習以為常。記得某位醫師認為他的個案具有新聞價值，主動寫了一篇約500字的稿件，並且 Line 給我，還附上術前和術後的照片，內容分段清晰，涵蓋個案狀況、病症治療和預防措施，專業程度讓我「驚為天人」。隔天，我去採訪這位醫師，他在錄音時一口氣講了約五分鐘，完全切入重點，沒有吃螺絲，完全不需要我提示和發問。採訪結束，我讚嘆道：「醫師，您寫的新聞稿和口才功力大增，愈來愈厲害。」他帥氣地回應：「被您訓練的。」醫師主動寫新聞稿，似乎已經成為本院的文化。

隨著醫師的新聞曝光度增加，他們的門診量和知名度也跟著增加。其他醫師也開始主動和我討論個案，看是否有機會發展成衛教新聞。事實證明，**醫師也可以「被訓練」到會寫新聞稿，關鍵在於用淺顯易懂的文字表達。我常對醫師說，新聞稿要能讓七歲小孩也看得懂，就像在診間向民眾進行衛教一樣，用淺顯易懂文字幫助民眾了解病症和治療方式。**

⚡ 能量站

每週透過新聞題材和正面報導來行銷醫院,並結合院內行銷平台,以及走入社區等多元管道,建立醫院品牌形象,獲得民眾信任。領導者營造出積極的企業文化,正面看待媒體,讓醫師習慣面對鎂光燈。透過媒體行銷報導,達到「魚幫水,水幫魚」的效果,不僅有助建立醫院形象、提升門診量,還能打響醫師知名度。

和媒體成為好朋友，源源不絕新聞點，關鍵時刻，即刻救援

　　如何和媒體成為好朋友？必須了解媒體的作業時間，以及眉眉角角。雖然在新媒體時代，新聞可以隨時更新，但平面媒體仍存在某些潛規則，通常會在下午兩點前報稿單，讓總社挑選出「次日」準備見刊紙本報紙的素材，所以，我習慣在上午就發新聞稿，或是在上午舉行記者會，並且在前一天發出採訪通知，同時附上初步的新聞稿內容，一方面，若同一時間有多場記者會，媒體可根據新聞性判斷要去哪一個現場；另一方面，提前給新聞稿，讓媒體更早掌握新聞重點。

讓媒體習慣第一時間就想到你

　　這天，電子媒體傳來訊息，表示某名人宣布罹患大腸癌，已經切除腫瘤，希望採訪醫院的大腸直腸外科醫師。我在中午 12:56 分和媒體確認採訪角度，對方提到，這位名人平常生活規律、飲食清淡，罹癌的消息讓外界相當驚訝，因此希望醫師能提供一些預防建議。巧合的是，當時外科系副院長沈名吟，也是大腸直腸外科名醫，正好和我一起開會，會後我和他討論採訪方向。

　　由於沈副院長會議後還有三台刀要開，時間比較緊迫，我向記者建議由我親自拍攝採訪內容，然後傳給他。於是，我在 13:26 分

用手機完成錄影，並將沈副院長的訪談內容傳給電子媒體，還附上反應畫面，讓媒體得以順利完成工作，新聞順利播出。

採訪內容大致如下：沈副院長表示，大腸癌的成因多樣，可能與不健康的飲食、運動量不足、肥胖或暴露於致癌物質有關。早期的大腸癌是完全無症狀的，等到出現症狀時，多數已發展到晚期。因此，早期發現和預防大腸癌，才是需關注的重點。最有效的預防是定期進行大腸鏡檢查，發現有瘜肉時就切除，即可預防 80％ 的大腸癌發生。愈早期發現，手術的侵襲性愈小，也能夠愈快康復，早日恢復健康的生活。

而我也一魚多吃，除了將沈副院長的錄影內容傳給電子媒體播放，也同步提供廣播媒體使用，並將訊息發布在醫院的臉書，向民眾傳遞衛教資訊。感謝媒體第一時間想到本院，也感謝醫師的配合，讓我能在半小時內搞定一則新聞訪問，和媒體的默契就是這樣累積建立的。

媒體會打電話或傳訊息給我，確認採訪時間、地點、方式、訪問主題和訪綱等細節，而我會第一時間詢問醫師，是否可以安排採訪。如果醫師當天沒門診或手術，整個約訪過程可能不到 10 分鐘就能敲定。醫師信任我推薦的媒體，醫院也授權我安排醫師採訪，因此，媒體若要採訪本院醫師，只要不涉及爭議性主題，基本上不需要層層上報，整個流程非常簡單迅速，而我幾乎都能使命必達。

有時候，就算不是本院發生的新聞事件，甚至是其他縣市的新聞，媒體也會找我們的醫師提供專業意見。我會與媒體開玩笑說：

「這是天邊的新聞ㄟ，跟我們沒關係ㄟ。」而媒體總會回應：「因為你們配合度最高。」由於我的第一份工作是記者，熟悉媒體作業，與媒體之間自然默契十足。

快狠準回應媒體緊急需求

當我正與姐姐和兒子在韓國旅遊，坐在遊覽車上時，突然收到媒體傳來的 Line 訊息，並附上一張照片，詢問：「這位民眾是否為竹北氣爆事件的傷者？傷勢如何？」

面對這則訊息，我可以選擇「我休假，所以不處理」的態度？或者說「我休假，當然交給同事處理」？然而，我立馬新聞魂上身，責無旁貸，尤其當天正值連假，同事也在休假，我決定跨海上陣親自處理。

我先與急診室主任游俊豪聯繫，確認「大概有多少傷患送到我們醫院？」還好，游主任具有新聞敏感度，馬上回覆傷患人數。考量到這是一起竹北重大事件，我判斷媒體肯定會大幅報導，於是，我在遊覽車上簡短寫了一段文字：「急診室主任游俊豪表示，竹北氣爆事件目前有兩位民眾送到急診，皆為輕傷，經過緊急處理，目前已經回家休養。」這段文字經過游主任確認後，我就傳到新聞群組，提供媒體訊息。

結果，一傳到新聞群組，媒體又想了解更多的訊息，「傷者的性別為何？他們是自行就醫嗎？是割傷還是燙傷？」就這樣，我坐在遊覽車上，收集來自媒體四面八方的訊息，並再次致電游主任，

請他提供正確訊息。

經過確認後，新聞稿二度修正為：「急診室主任游俊豪表示，竹北氣爆事件目前有三位民眾（兩男一女），皆 50 多歲，自行到中醫大新竹附醫急診就醫，皆為輕傷，經過緊急處理，目前已經回家休養。」我將更新後的新聞稿傳到群組，媒體也即時更新報導。

整起事件從 11:50 分左右接到媒體詢問開始，到我在 11:53 分和游俊豪主任隔海連線掌握最新新聞訊息，一直到 14:50 分才真正處理完畢，回答完媒體的疑問。在這段時間裡，我根本無心在遊覽車上欣賞風景，到了燒烤店也無心用餐，不斷查看手機，確認媒體沒有進一步的問題後，才安心享受韓國烤肉大餐。

而游俊豪主任當天在急診室，一方面忙於看診處理病患，一方面還要協助我處理新聞。我在韓國透過 Line 表達：「感謝主任今天大力協助，危機處理順利。」游主任也回應一個讚，顯示雙方合作無間。

⚡ 能量站

要和媒體成為好朋友，首先要有新聞點。當然，要讓媒體容易找到你，並在關鍵時刻即刻救援，媒體需要新聞的時候，可以馬上「生」出來。

一場成功的記者會，
魔鬼藏在細節

2024 年初，外科系副院長沈名吟，成為全台第一位成立大腸直腸外科達文西機器手臂手術觀摩中心的女性醫師，也是台灣第四位獲此資格認證的大腸直腸外科醫師。全台僅有三家醫院的四位醫師擁有這項資格，而中醫大新竹附設醫院更是北台灣唯一獲此殊榮的醫院，且院內有兩位大腸直腸外科醫師獲此資格，分別是院長陳自諒和外科系副院長沈名吟。為了讓這個議題更有新聞亮點，院方特別邀請病患站台，現身說法，增加說服力。

感恩與見證，高齡病患對醫師比讚，
一張照片勝過千言萬語

有位好朋友為了感謝沈副院長治癒母親，特別傳 Line 給我，請我轉達謝意。朋友表示，母親已經 96 歲高齡，被診斷出大腸直腸癌，原本某醫院要用傳統開腹手術治療，讓他很擔心。然而，「得知沈副院長院願意微創開刀，都快要跪下來向他致謝。在過程中深深體會到沈醫師的熱情、醫技、態度、耐心……副院長是媽媽的再生者，也是我們全家人都感恩的貴人。」我回覆好朋友，最好的感謝就是將母親治癒成功的經驗分享給更多人，讓大家知道沈副院長的醫術和醫德。

好朋友二話不說，答應和母親一起出席沈副院長的記者會。

不只一位高齡病患願意站出來分享自身經歷。90 歲的梁爺爺，也是大腸直腸癌患者，執行達文西手術，四天即出院。他也願意透過記者會，向更多人分享治療過程，告訴大家罹癌並不可怕，找到醫術高超的醫療團隊，一樣可以重拾健康人生。

記者會當天，兩位病患及其家屬出席，以高齡病患見證癌症手術的成功。96 歲的阿嬤超可愛，看到沈副院長不斷豎起大拇指表達感謝，在記者採訪時，他更說：「我這麼老了，還可以走路，感謝沈副院長。」話一說完，他當場從椅子站起來，走給記者看，證明即使 96 歲，依然健步如飛，感謝媒體記錄這感動的一刻。

另一位梁爺爺的家屬則表示：「爸爸能出席記者會，要感謝沈副院長。因此，就算上週才出院，需要多休息，還是要來站台力挺。」兩位長者親自見證並獻花感謝，增加新聞的可信度和可看度。尤其，一張照片勝過千言萬語，病患對醫師比出讚，絕對不是設計，完全真心流露，感謝媒體捕捉到關鍵畫面。而負責版面的主管也很給力，這則新聞一舉攻上《中國時報》桃竹苗版和《自由時報》全國健康醫療版，而且還是大篇幅的報導，放在最顯眼的媒體版面 C 位。

打造完美記者會的幕後策劃

以上描述的是幕前風光，幕後也是經過精心設計。每次活動，我都會事先和家屬溝通，包含確認新聞稿、流程與停車位等細節。

我習慣提前就定位，前一天布置場地、擺設桌椅、測試投影機和音響，並至少演練兩次以上，確保記者會順利進行。同時，我也習慣提前寫好新聞稿，前一天提供給媒體，記者會前一天發採訪通知，吸引媒體關注並邀請出席。記者會結束，還會緊密關注新聞報導，對於沒有報導的媒體，再次發新聞稿，動之以情協助報導，希望達到百分之百的報導率。

記者會後的回饋也十分重要，媒體報導後會傳新聞連結給我，我一定會表達感謝。同時，也將相關報導發布在醫院群組，讓醫護、醫技與行政同仁知道醫院大小事，並傳給新聞主角，包含醫師、護理師、病患和家屬等，讓他們的親朋好友知道，增加新聞曝光度。從事前的規劃到事後的成果，一則新聞的刊登，是由許多細節累積的成果。

細節決定活動成敗

「沒人通知我要上台致詞。」坐在我旁邊的貴賓，剛剛致完詞下台，回到座位後立刻對我說。我回應他：「你講得很好啊！」但我不確定他這麼說的用意是什麼，也許要凸顯在完全沒準備的情況下，他依然可以講得很好，或者是想解釋他剛才表現不佳的原因。不論任何原因，我明白，身為主辦單位，一定要告訴每位出席貴賓，他們在記者會中的角色，包括如何上台、站位、是否需要拿手版、是否需要致詞、拍照時應看向哪個鏡頭，以及是否接受媒體採訪等，這些細節都代表對貴賓的重視。尤其是在貴賓需要上台致詞時，更應事先告

知，讓他們能在充滿安全感的情況下出席記者會。

我曾經代表院方出席一場活動，主持人在介紹貴賓時，幾乎每個名字都不熟悉，頻頻念錯，坐在台下的我不禁冷汗直流。這可能是因為主辦單位沒有事先掌握貴賓名單，臨時請主持人介紹，結果自然不熟悉。或是主持人未事先演練貴賓的名字，這對我來說，無疑是不盡責的表現。

我也曾經遇過，活動進行到一半，主持人還不知道下一個階段要進行什麼，或要邀請誰上台的情況。還有一次，邀請貴賓上台拍照時，工作人員說，不用拿手版，但主持人卻說要拿，這樣的場面只會凸顯出活動的混亂。

成功記者會的關鍵要素

我認為，成功的記者會需具備以下關鍵要素：

1. **活動要有新聞點**：記者會內容要有新聞梗、新聞亮點，便於媒體報導，最好設計響亮的 slogan，不僅能成為新聞標題，還能在拍照時成為主持人喊出的口號。

2. **確定主角出席時間**：有了活動亮點後，下一步就是確認男女主角的出席時間。以縣府來說，必須確認縣長能出席；以醫院來說，則需確定院長可以參與。邀請貴賓時，我會提供初步的流程規劃，包含時間、地點、出席名單和新聞點，以提高貴賓的出席意願。

3. **撰寫新聞稿**：確定貴賓出席名單後，我會開始撰寫新聞稿，並將其同步傳給上台致詞的貴賓，請他們參考。

4. **記者會硬體設備設計**：包含背板設計、音響、座椅擺設、投影機位置、花籃布置，以及貴賓和媒體的動線等，都要在記者會前一天就定位，並進行流程演練，以找出盲點。千萬不要小看音響，音響是記者會成功的關鍵之一，我曾遇過麥克風沒聲音或音響發出刺耳噪音的尷尬場面。另外，為了讓新聞主角簡報順暢，我甚至曾經為了調整簡報字體大小與投影距離，請同仁調了半個小時，終於找到最佳位置。

5. **事前演練**：這是非常重要的步驟。每一場活動，我都會在前一天確認場布和排演。畢竟，魔鬼藏在細節裡，以每年的院慶活動為例，我都會和同仁演練流程，從獎牌順序的事先排列，到專人負責控制上台節奏，上台後的定位，領獎後的離場方向，以及同仁拿獎牌的姿勢，都有明確規範：一手托在下方、一手放在胸前，並且時刻保持微笑。我會再三交代，即使拿錯獎牌，也不要在台上慌張。每個細節都有 SOP，當護理師遞上獎牌時，必須走得穩，托盤方向要正確；而頒獎者從托盤取獎牌時，護理師還要用手指暗示，才不會弄錯名字。每一個環節都要反覆確認，確保流程順暢，展現專業形象。

6. **規畫最佳拍照畫面**：記者會的靈魂照片通常是結束前的大合照，我會精心設計最精采的畫面，供媒體捕捉。貴賓上台時的定點、比手勢、喊口號，都需事先規劃妥當。等到主角像是縣長或院長入鏡，便能快狠準地提供媒體上版面的照片。

7. **規劃媒體攝影區**：我會安排媒體最佳拍攝位置，要求主持人指引貴賓擺出不同動作，讓媒體充分捕捉畫面。第一個動作是「微笑

版」，面對鏡頭微笑；第二個動作是「愛心版」，比出愛心手勢；第三個動作是「讚版」，伸出大拇指；第四個動作是手放在嘴邊「大愛心」的口愛版。同時，也會請主持人引導貴賓「眼睛看前面、看右邊、看左邊」，讓媒體拍滿拍夠，而且，我還會要求主持人詢問媒體是否拍攝完畢，或是否需要補拍，以確保記者會真正為媒體量身打造。妥善安排攝影位置，才能拍出好照片，才能凸顯新聞價值。如果拍照過程混亂，媒體不開心，也顯示主辦單位對媒體不夠尊重。

8. **時間掌控**：記者會的流程千萬不要落落長，致詞千萬不要永無止境。活動時間控制在半小時左右為宜，因為媒體有多項新聞要採訪，無法在此耗上半天。

9. **溫馨提醒貴賓出席時間**：記者會前一天，我會再次提醒貴賓出席的時間、地點、停車資訊，同時也會通知記者，包含活動主題、流程等，方便媒體安排時間，吸引他們前來採訪。

10. **關鍵主持人**：主持人是記者會成功的關鍵。我會事先與主持人溝通流程和新聞稿，並要求主持人當天至少提早兩小時到場。此外，主持人必須預先熟悉上台貴賓和領獎者的名字，在人生的光榮時刻，一定要讓每位受邀者有尊榮感。當貴賓致詞並與台下互動時，主持人也要順勢帶動氣氛。例如，當貴賓說「大家早安，大家好」，主持人就要立刻回應「早安」或「好」，避免冷場讓貴賓感覺尷尬。同時，主辦單位活動窗口的負責人應隨時在主持人身邊，一旦有突發狀況，能及時與主持人溝通，迅速應變處理，這樣才不會發生主持人不知道下一個流程要如何進行的窘境。

11. **準備伴手禮**：對來採訪的媒體和出席的貴賓，一定要表達感謝。如果有媒體來不及參與記者會，我會主動提供照片、新聞稿或錄音檔，方便他們報導。記者會結束後，也會追蹤媒體報導情況，如果發現尚未報導，我會再溫馨提醒是否可以協助報導，透過「緊迫盯人」的方式，大多數媒體都會報導。

12. **新聞分享**：記者會結束，我會將精采的照片分享給貴賓珍藏，建議他們發臉書行銷。如果有媒體報導，我也會分享給貴賓，讓他們感受到參加記者會是值得的。

13. **感謝貴賓和媒體**：記者會結束後，一定要感謝貴賓的出席，下次他們才會再度力挺。當然，也要感謝媒體報導，尤其是刊登在報紙版面的，一定要感謝報導的記者和規劃版面的媒體主管。

⚡ 能量站

醫院新聞要搶佔版面在紅海中殺出藍海，魔鬼藏在細節，這些細節包含新聞梗、記者會通知、媒體拍攝位置、流程順暢、口號、手勢、軟硬體設備，以及主持人的默契等。透過事先排練再排練，可以讓魔鬼成為我們的天使。

Chapter 3　領導力

發揮領導力，
打造高效能團隊

老闆用跑的，你要用飛的；
老闆用飛的，你要搭太空梭

畢竟是記者出身，因此，我所營造的辦公室文化是「快、狠、準」。同仁被我訓練到能快速反應，抓住重點，且即時回報，讓我可以隨時掌握工作進度。同時，處理事情有優先順序，重點在於解決問題，而非推諉塞責。有時候，天外飛來一筆業務，可能不屬於公關室的職責，但遊走在灰色地帶，我還是會請同仁盡量幫忙，同仁有時打趣說：「我們是管海邊的。」我鼓勵同仁勇敢接受挑戰，如果能幫其他單位解決問題，做到別的單位無法完成的事，代表我們的公關危機處理能力得到肯定。

要跑在老闆前面，老闆用跑的，你要用飛的；老闆用飛的，你要搭太空梭。

一定要讓老闆發出「WOW」的讚嘆，永遠跑在老闆前面。也就是，需要換位思考，站在老闆的立場，思考他會怎麼想？怎麼做？在老闆尚未提問之前，你已經找到答案，或者提供解決方案讓他選擇。

主動回報異常，「老闆不喜歡意外」

我習慣對重大事件定期回報進度，例如，當我在醫院處理民眾意見反應或醫療糾紛時，第一波，我會向院長報告病患的訴求以及醫師的說明；第二波，如果有醫病溝通協調會，在會議結束後，我也會向院長回報會議的結論。回報時，我會習慣條列式的回饋，以1、2、3……簡單扼要地說明。我也會察言觀色，注意老闆重視的專案進度，最好在老闆詢問專案進度前，先主動報告。尤其當老闆關心某個專案時，如果漏掉訊息，就要立刻了解狀況，掌握進度。

有一次，老闆關心 A 單位的人事案，A 單位主管被動回應，對方說：「因為還沒十分確定，還有些細節要確認，所以沒有回報老闆。」我建議 A：「老闆知道有面試，就要回報，即使沒有結論，也要讓老闆知道進度。」**讓老闆掌握進度，不要最後一個知道**。

另一次，老闆接到客戶對 B 單位的抱怨，我立即知會 B 單位主管趕快了解狀況，並提醒他要回報給老闆。B 單位主管了解狀況後告訴我，實際情況與客戶所說有落差，抱怨的事情已經處理完畢，他認為「是不是可以不用回報老闆？」錯！事情雖然處理了，

但老闆並不知道，老闆需要掌握進度，所以我建議 B 單位主管還是要回覆給老闆。

也許，大家會擔心跟老闆回報會被罵，或是老闆會問太多問題……但重點是，老闆需要知道處理結果。至於老闆的反應如何，就不是我們所能掌控的。就算用 Line 回報老闆，老闆已讀不回，可能代表他很忙，也可能代表他不認同。但我的原則是**回報進度，讓老闆「知道」處理結果，更要主動回報異常，「老闆不喜歡意外」**。

跟老闆回報進度，也是讓老闆知道你的努力，顯示「你有在做事」。不要做到流汗，卻被嫌到流淚。最後，當然要和老闆多互動、多溝通，才能了解老闆的理念。

我的經驗是，某年醫院更新簡介，原本以為去年才拍過醫師大合照，今年略過，沒想到，院長堅持要更新，我立馬安排。由於超過百位醫師，必須動用三層階梯式大舞台，還請出專業攝影師，抓住每一位醫師，院長一句話使命必達，我和同仁在一星期內完成了百位醫師的大合照，以及各科室的照片拍攝。當院長見到我時，直呼我「最有執行力」，我笑著回應：「因為我是『執行』長啊！」在臉書上，也被院長 cue 為「特別感謝地表最美麗執行長」。沒辦法，套句我的金句：「院長用走的，我要用跑的；院長用跑的，我要用飛的；院長用飛的，我就要坐太空梭了。」

跟老闆報告先講結論，講重點

老闆的時間極為寶貴，開會一定要掌握效率，所以我通常會直接切入重點，彙整專業意見，並提出 A 或 B 兩個解決方案，分析其優缺點，提供老闆做決策。因為老闆都會問：「你的想法是什麼？」「你的解決方案是什麼？」這時，我並非提供是非題，而是「選擇題」。最後，**我還會針對事件做最壞打算，提出因應處理方案。**

譬如，在縣政府工作時，遇到民眾陳情抗議，我會收集多方輿情資料，提供給縣長或處長參考。除了現場由警方維持秩序外，我也會事先準備新聞稿，一旦發生抗議立即發布，讓媒體平衡報導，管控危機，讓縣長放心。同樣地，在醫院遇到民眾意見反映時，除了向院長報告，也會徵詢專業律師意見，提供給院方參考。如果民眾訴諸媒體或其他管道，我也會預先準備醫院的聲明稿，讓院方知道，即便發生最壞狀況，整件事也不會失控，因為我們已做好應對準備。

向上管理老闆，做到老闆無法做到的事

在一部火紅的大陸劇《玫瑰的故事》中，女主角黃亦玫展現了「向上管理老闆」的技巧。

1. **大膽創意冒險的性格**：菜鳥黃亦玫的老闆蒂娜，想透過管道認識法國人藤先生，卻不得其門而入。黃亦玫精心策劃，想出了一個「絕招」，他得知藤先生會出現在某個場合，於是假裝要看飯店的餐廳，騙過接待人員，並迅速換上黃色禮服，讓藤先生的助理莊國棟驚豔，願意為他牽線。黃亦玫「拐個彎」，發揮冒險犯難的創意，讓老闆終於見到久仰已久的藤先生。連藤先生都誇黃亦玫「很聰明、很大膽」。

2. **做到老闆無法做到的事**：老闆蒂娜苦思如何見到藤先生，向某主管詢問對策，卻只得到「怎麼辦？」的回應。蒂娜當場發飆：「你要想辦法，不然我請你幹嘛。」所以，跟老闆開會，不要只會丟出問題，而要解決問題。黃亦玫甚至能解決「非他業務」的問題，做到老闆無法做到的事，這就是他厲害的地方。

3. **主動積極的人格特質**：成功引薦蒂娜認識藤先生後，黃亦玫主動寫了一份中法展覽活動企劃書。雖然被蒂娜笑稱「像是小學生作文」，但這也讓蒂娜更了解黃亦玫主動積極的性格，並因此賦予他重任，證明「小祕書」也能有「大作為」。

4. **懂得察言觀色**：老闆蒂娜毫無理性地對穿著黃色套裝的下屬發飆，「我今天穿紅色，黃色是我的衰色。」黃亦玫在幫老闆拿便當時，發現便當裡竟然有「黃色」的玉米，機靈的他馬上換成「紅色」的蘋果，成功化解了一場可能的災難。

5. **機靈且臨危不亂**：面試前，突然弄髒上衣，他在洗手間想盡辦法擦拭卻無效，靈機一動，向某位女士（即將面試他的老闆蘇

蘇）借了小領巾遮住尷尬處，也讓蘇蘇對他印象深刻。因此，**工作中愈是混亂，愈要平靜，冷靜思考。我喜歡「快，即是慢，慢，即是快」的人生哲學。**

6. **不用過問長官的難堪**：老闆蘇蘇在大雨中情緒失控，黃亦玫為他撐傘，蘇蘇有些難堪，黃亦玫直白地說：「我什麼都沒聽到。」兩人一起吃小籠包，化解尷尬。看到長官軟弱的一面，老闆不願說，就不需要多問，當作沒聽到、沒看到。

⚡ **能量站**

以老闆思維思考，向上管理。老闆用跑的，你要用飛的；老闆用飛的，你要搭太空梭。在老闆提出問題前，你先回報，提出解決方案，讓他掌握進度，做決策。

工作有疏失，絕不卸責，
化危機為轉機

在我看來，人與人之間應該要直接溝通，也就是和當事人對話，最好不要透過別人，這樣才能精準掌握事實。有一次，我委託第三方處理一件事，但後來輾轉得知，老闆對我的處理有些質疑。此時，我決定不再透過第三方溝通，因為無法確保訊息是否能被準確傳達。我認為有必要親自向老闆解釋，重點是澄清我的處理結果，並非他所認知的那樣。**被老闆「誤會」，自己應主動澄清。**直接與老闆溝通，除了可以第一時間掌握老闆的想法，還能避免因第三方溝通，衍生不必要的枝節。

坦然面對錯誤，化解工作危機

我曾經製作一批文宣品，檢查樣品時認為沒問題，但收到成品後，同事卻發現英文字母印錯了。仔細一看，確實有錯字，而且我們訂了 1000 份，如果這批文宣品發出去，可能會變成笑話，當時心情非常沮喪。我同步詢問廠商為什麼會印錯英文字母，對方的回應竟然是「故意的，這是藝術」。這個理由我當然不能接受，也無法說服其他人，但我們已經簽約，無法要求廠商重做。

我拿起電話致電老闆，坦承在印製前確實沒有檢查到，這完全是我的疏失，並表示願意承擔這筆兩位數字的費用。老闆一開始非常嚴肅，但並未苛責，只提醒我下次要小心，至於費用「不會讓我出」，就結束通話。**老闆曾說：「人都會犯錯，可以容忍屬下犯錯，但事不過三。」**後來，文宣品沒有引發爭議，反而很實用，至今仍有同事在使用。

　　還有一次，老闆提議邀請某位貴賓來演講，我當時以為這只是場面話，就沒放在心上。過了一段時間，老闆突然詢問祕書：「講者的演講時間確定了嗎？」當下我才恍然大悟，原來老闆是認真的，立即聯繫相關人員，花了約 20 分鐘，確認演講的時間和地點。隨後立刻「負荊請罪」，先向老闆報告結論，接著為邀約延誤的疏忽致歉，坦承錯誤，沒有任何藉口。老闆簡單回應「謝謝」，危機因此化解。

　　我秉持的原則是，錯了就是錯了，沒有理由，誠實道歉，深刻檢討。

⚡ 能量站

在工作上，一旦有疏失，立即承擔，沒有藉口，絕不卸責，立即道歉，反而可以得到老闆信任，化危機為轉機。而長官必須容忍屬下犯錯，但也應該堅持「事不過三」的原則。

讚美的力量
讓部屬為你賣命

在清華大學上了一堂「策略性人力資源管理」的課，科管所教授劉玉雯向我們介紹了「比馬龍理論」，它源自於 1966 年在美國推行的一個教育心理學實驗。研究人員先對一群小學生進行智商測試，再隨機抽取 20% 作為實驗組，教師不斷稱實驗組為資優兒童，並持續對他們進行正面的鼓勵與肯定。大約一年後，研究人員再次測試這些學生的智商，發現實驗組的智商平均增長率明顯高於其他學生。因此，如果老師在教育過程中不斷肯定學生，讚美學生是人才，他們就有可能成為人才。

用鼓勵成就人才，比馬龍理論的職場實踐

比馬龍理論在職場中同樣適用。如果一個人可以得到適度的鼓勵和認同，即使是平庸的人，也可能會有突出的表現；但如果不斷否定他，即使是人才也可能變成蠢材。此一理論的管理意涵在於，如果能善用比馬龍理論，將能激發部屬的潛能，人人都能成為人才。

A 在面試時，主管認為他細心耐心，說話輕聲細語且非常有禮貌，也當過小主管，抗壓性應該很強，因此錄取了他。然而，由於

對業務不熟悉，A 在前三天的表現，只能用「慘不忍睹」來形容。主管很擔心 A 會待不下去，果然，第四天 A 就向主管提出辭呈，表示自己能力不足。主管認為自己沒看走眼，於是找 A 詳談，發現他有三個主要問題。首先，他責任心很重，因為不熟悉業務，擔心拖累同事，主管曉以大義，表示當時就是看中他的責任心，才選擇錄取他，更何況「才來三天，當然對業務不熟」，希望 A 能給自己三個月的時間，如果三個月後仍無法上手，才同意他離開。其次，A 害怕如果出錯，必須由他扛責任，主管舉了幾個過去的案例，並請 A 去打聽他的為人，強調「有事他扛，絕對不會推給屬下」。第三，A 很擔心沒人教他相關業務，不知所措，主管則承諾，其他同事會協助他一起度過。解開 A 的三個心結後，A 重拾信心，決定再試試看。

只是，第一個月對 A 來說確實很辛苦。原本應該很細心的他，因為不熟悉業務，在公文上不斷出錯，導致其他部門的人頗有怨言。這時，主管運用了「比馬龍理論」，對 A 沒有責難、沒有飆罵，一切錯誤由主管扛。他只是提醒 A，將公文送出前，先給主管確認。同時，主管也向其他部門同事拜託，給 A 一個熟悉業務的機會。就這樣，A 在忐忑不安、如履薄冰的狀態下，終於度過兩個月。主管也適時讚美他，讓 A 漸入佳境。到了第三個月，A 已經能夠獨當一面，過去每次 A 的電話響起，主管就猜他可能「又」做錯什麼事，而 A 也會趕快求救主管。但現在電話響起時，反而聽到其他部門在向 A 請教業務問題，而 A 對答如流，甚至還能支援其他業務。A

也樂在其中，讓人看到他的潛力。主管也因此認為，當初面試果然沒有看走眼，善用比馬龍理論中的鼓勵和肯定，成功留住人才。

你值得讓部屬賣命嗎？

幫部屬加薪，當然可以抓住人心，不過，人的欲望永遠無法滿足，更何況，企業並非能永遠獲利，有沒有其他方式一樣能抓住人心，讓部屬願意為老闆賣命？也許可以**透過激勵的方式，讓部屬願意為你付出。有時候，一句真誠的讚美，就能讓部屬為你死心塌地。**

印象很深刻的是，兩週年院慶後，院長陳自諒在臉書 PO 出我和他的合照，並在 2020 年 12 月 15 日的臉書寫下：**「來新竹最棒的事情，就是請到他。」**公開的肯定與信任，讓我慶幸跟對老闆，願意為老闆賣命。我也曾經遇到，幫醫師發新聞後，將報導轉發到醫院大群組裡，結果，被報導的醫師在群組回應「感謝地球最美麗執行長」。這一句公開讚美的話，也讓我的努力和專業獲得肯定。

還有一次，院長在一場記者會後傳訊息給我：「你今天讓我很感動。」我當時一直在想，自己到底做了什麼事讓院長感動，還一度懷疑：「是不是院長傳錯人了？」基於追根究柢的精神，便直接問院長：「是我嗎？哪一件事呢？」原來是在記者會上，媒體大陣仗拍照時，院長驚訝於「你居然可以搶在正前方拍照」。我回覆院長：「這是基本款啊！我一向如此，記者魂上身，一定要卡位，卡到 C 位，幫老闆把照片拍好拍滿。」沒想到，我的日常工作竟讓老

闆驚豔。所以，**工作中，JUST DO IT。忠於自己，無愧於心，就會被老闆看見。**

另一次經驗，我舉辦了一場音樂志工記者會，院長在記者會後，接受媒體專訪時，第一句話就說：「感謝張執行長規劃這次的音樂志工活動……」雖然這段話可能不會被電視台和廣播採用，但院長的這番話，讓我覺得一切努力都值得了。

院長從不吝惜讚美，這也啟發了我。在重大活動中，如有跨科室協助完成活動，我都會一一感謝基層同仁的付出。如果沒有同仁協助搬桌椅、包裝伴手禮等細節工作，活動根本無法圓滿完成。

> ⚡ **能量站**
>
> 不批評、不責備，給予真心的讚美和感謝，讓同仁感受到自己在這個單位的重要性。關心同仁的工作進度，遇到問題一起打拼，而不是孤軍奮戰，老闆應與部屬共同面對、共同成長。

領導者「大肚」，
肯定「烏鴉」說真話

在清華大學「策略性人力資源管理」的另一堂課，劉玉雯教授引用 1996 年聖母峰山難造成多人死亡的案例，來探討「心理安全」的概念。這場意外中，從領導學的角度來看，領導者羅勃‧霍爾（Rob Hall）擔負重任，必須確保「客戶」成功登頂並安全返回，但聖母峰暗藏危機，不少人曾登頂失敗而喪命，因此，羅勃‧霍爾必須樹立權威，對「客戶」說：「在那山頭，我不接受意見分歧。我的話就是法則，沒有上訴的機會。」此外，其中一位嚮導尼爾‧貝德曼（Neil Beidman）事後提到，當他發現隊員在下午兩點仍未抵達山頂時，他相當疑慮，認為應該掉頭。但作為探險隊中排名第三的嚮導，他卻選擇了沉默，畢竟他只是第三位嚮導，還有資深領隊和其他兩名嚮導在場，如果他提出掉頭的建議，可能會被質疑、被嘲笑，也不會被採納。

這個案例運用在企業或公司中，領導者是否能夠建立員工的「心理安全」相當重要。心理安全是指「個人能否敢於表達自己，而不必擔心因此對自己的形象、地位或職業造成負面影響」。領導者不能依賴強勢領導，否定員工意見，而應該勇於接受員工的建議，讓員工在發現問題時能夠勇敢說出來。再者，提出建議的員工

也不該有位階之別，他們的聲音都應該被聽見。

因此，領導者的胸襟必須寬廣，有容乃大，能夠容忍「烏鴉」的存在。當聽到不一樣的聲音時，不應立即否決，而應該謝謝「烏鴉」願意說真話、提出建言。最重要的是，千萬不能因為「烏鴉」說真話，就將他打入「冷宮」，這樣沒有人敢提真言，對團隊會造成傷害。**而願意當烏鴉的人，也必須擁有「被討厭的勇氣」，敢於跟別人不一樣，儘管會招致異樣眼光，這時候，一定要有老闆相挺，才能撐得過去。**

「艾比林矛盾」，沒人敢說真話，沒人想被另眼相看

「艾比林矛盾」（Abilene Paradox）源自管理學教授傑瑞・哈威（Jerry Harvey）的經驗。有一天他和妻子去探望岳父母。岳父突然提議：「我們一起去艾比林（Abilene）如何？」問題是艾比林餐廳距離家裡大約 100 哩，而且岳父的車子沒有空調，在這種情況下，就算傑瑞不想去，但因為是岳父提出的，他還是說：「如果岳母願意一起去，他就去。」結果，岳母也說，他當然想去，不願意在悶熱的環境，吃冰箱的剩菜。最後，傑瑞的妻子也表示，他願意去。想當然爾，這趟旅程又遠又熱又累，吃完一頓艾比林餐廳的食物，大家都不開心。

回到家後，大家開始抱怨。岳母對傑瑞說：「是因為你點名我去，我才不得不去。」傑瑞也回應，是因為「岳父提議要去，他才

去，他根本不想去」。這時候，岳父也答腔：「我只是隨便說說，怎麼知道你們都同意。」真相大白，原來，大家都「不想做」的事情，卻「都同意」去做，這就是「艾比林矛盾」。

那麼，誰是「罪魁禍首」呢？由於提議來自位高權重的岳父，大家都不敢說「不」。為什麼不敢說不？為什麼不敢說出內心話？為什麼不能勇敢地表達自己的意見？

「艾比林矛盾」很容易發生在組織內。例如，某項計畫明明不可能完成，但當主管每天激勵大家「一定可以完成」、「一定要完成」時，沒有人敢說出真相。儘管每個人心中都不願意，卻還是會做出違背個人認知的決定，為了迎合他人期望，也為了不成為異類。

因此，為了避免「艾比林矛盾」影響組織內敢說真話、敢提出建言的人，領導者必須容忍不同聲音的存在，讓「烏鴉」有安全感地發言，並且不去論斷「烏鴉」的勇於發言和表達不同聲音。

⚡ **能量站**

領導者，「肚量一定要大」，有容乃大。肯定「烏鴉」敢講真話、勇於提出建言。廣納建言，打造高效能團隊。

領導者充分授權,尊重專業,
讓屬下發光發亮

在職場生涯中,我很幸運地遇到幾位好老闆,充分授權,尊重專業,都不會干涉新聞操作,也不會在背後指揮東指揮西,而是尊重我發新聞的節奏和角度。在新竹縣政府擔任機要祕書時,我天天發新聞;後來擔任文化局長,一週至少發一則新聞。前新竹縣長邱鏡淳不但不會認為我「搶」他的新聞,反而因為文化局的新聞常常卡到 C 位見報,而對其他單位說:「我很適合當文化局長,當初沒有因為我不會講客家話而不拔擢我。」

來到中醫大新竹附醫,院長陳自諒也從未干涉我的新聞工作。在白色巨塔,發新聞可能需要層層呈報、關關看稿才能發布。但院長非常支持我每週至少發一則新聞,也鼓勵我透過新聞行銷醫師,建立醫院形象。他甚至肯定我自製影音衛教節目,還關心節目的點閱率,並建議我和電視台合作,廣為宣傳。

好好說再見，選擇所愛，愛所選擇

離開一個單位時，請好好說再見，因為「一定會再相遇」。我從三立電視台離開，跳槽到另一家電視台，後來又回鍋三立。由於家庭因素，我再度選擇離開三立，來到新竹縣政府工作。兩次進出三立的經歷都好聚好散。擔任新竹縣政府機要祕書後，負責新聞媒體行銷，我依然和三立電視台維持友好關係。我們不只在新聞報導上合作無間，也在活動專案中成為夥伴。即使我來到醫院工作，依然與「娘家」三立電視台保持聯繫，醫療節目也會邀請院長出席。

曾有一位同事在離職時，特別傳訊息給我：「執行長，謝謝你的帶領走過黑暗來到天晴，這段期間學習到很多為人處事方式，磨練很多，謝謝你的支持。讓我工作之餘念研究所，真的非常非常感謝。今天正式登出感覺很捨不得～也很珍惜這段期間經歷過的一切，累積的養分，能遇到好老闆都是緣分，一切順心，健康。」這段離別的真心告白，並不是刻意用文字堆疊，而是真情流露。即使這位同仁已離職，我們仍偶爾會連絡，當我邀請他參加某場活動時，他也毫無懸念地出席捧場。

對於同仁離職，我一向抱持理解的態度。只要深入了解後，如果有更好的發展，我都會予以祝福，曾有同仁選擇去國外留學，我不僅幫忙寫推薦信，還分享自己在美國的經驗，鼓勵一定要到國外看看。或者，同仁因薪資問題而找到更好的工作，和我討論後，我也會用 SWOT 分析，幫助對方做出最佳選擇，尊重他的決定，從不強留。無論同仁有更好的工作機會，或是有自己的人生規劃，我始終秉持「選擇所愛，愛所選擇」的態度。除了祝福，還是祝福。

惠普公司創辦人威廉•惠利特（William Redington HewlettZ）訪問大陸時，有一段為人津津樂道的故事。有員工提出公司流動率太高，被其他外商公司高薪挖角，並詢問公司有何對策。這位員工實際上是在暗示公司加薪，而威廉•惠利特則回應：「對於挖角，只要我們的員工不是因為恨而離開，只要他們找到更好的工作，只要離開公司的員工，沒有說公司不好，在管理上，我們就算成功了。」

你永遠不知道，現在離開的長官，有一天可能會再度成為你的長官。同樣地，你也永遠不知道，現在離開你的屬下，有一天可能會成為其他領域的高層，甚至有一天變成你的長官。

他，曾經是一名小記者，有一次甚至哭著向我訴苦，說自己不想當記者，還想辭職。當時擔任新聞主管的我，並沒有特別在意，只當作他在撒嬌。後來，我轉換跑道到新竹縣政府工作，他也短暫離開了記者圈，轉而投入雜誌企劃領域，還免費幫我行銷新竹縣的吃喝玩樂。過了一陣子，他成為明星市長的高層幕僚。又過了一陣子，他已經是媒體界的超高層人物。我一路看著他愈來愈厲害、愈

來愈強大，心中非常佩服。這天，需要請他協助一件看似不可能完成的任務，原本以為希望渺茫，沒想到他一直放在心上，不僅完成了這個任務，還費盡洪荒之力讓我美夢成真。我想，他真的很重視我，感謝他把我的事當作自己的事來處理，感謝他對我心存感恩，記得宜真姐。這樣懂得感恩的人，難怪會成功。

⚡ **能量站**

領導者充分授權，尊重專業，讓屬下發光發亮。離開職場，都要好好說再見，你永遠不知道，現在的屬下，有一天可能會變成你的長官。

培養精準溝通力，
成功翻轉人生

傾聽的威力，從憤怒到放下

溝通，必須「溝了」，雙方「要通」，也就是雙方的頻率要對，單靠自己的價值主張無法說服對方。強加自己的價值主張在對方身上，只會導致無效溝通；若要達到有效溝通，必須找到雙方的共同頻率，才能達成共識。

我認為，溝通中最關鍵也是最困難的部分是——傾聽。想想看，我們有多少次，話還沒說完就被別人打斷？甚至我們必須急著說話，害怕被別人打斷，不得不說出「你先聽我講完」。那種感覺讓人煩躁，代表別人根本不在乎，或是沒認真在聽。同樣地，我們是不是也經常在別人說話時，忍不住打斷對方。

傾聽的力量；用眼神和心聆聽，更能讓對方感動

我記得有一次，我在陳述一件事，對方竟然讓我完整地表達完畢，完全沒有打斷，直到我說完才回應。當下，我真切感受到傾聽的力量——他讓我好好地說完話，好好地抒發自己的情緒。還有一次，一名病患的家屬對醫師態度有意見，打電話來客訴，揚言要提告，甚至要求院方登報道歉。公關組長林佳錡致電關心，耐心傾聽對方的陳述，並代表醫師和醫院道歉。在最後一次通話中，他大概傾聽了 30 分鐘，中間沒有太多說明，也沒有反駁，只是用同理心

感受對方的情緒。掛下電話後，我本以為無解，沒想到組長卻帶來好消息，他說：「解決了，對方說，放下了。」我問他，怎麼會有這麼大的轉折？組長說：「應該是因為我耐心傾聽，認真聽完對方的抱怨。」對方可能感覺到他的情緒和問題得到重視，最終願意放下。

YES！我來試試看

當別人求助於我時，儘管真的很想拒絕，但我第一時間還是會說：「好，我來協助看看。」等到確定無法達成對方期望再告知，而不是第一時間就拒絕，至少讓對方感受到「我有努力幫他，只是最後無法達成任務。」當別人希望得到我的協助時，我都會十分珍惜，我一定盡力幫忙，因為這代表人家對我的信任，「有問題，找我，我來協助」。就算這件事和我的業務沒有直接關係，我也會說「沒關係，我來試試看。」

記得有一次，某園區科技廠副總夫人住院，雖然丈夫陪伴在他身邊，但因工作忙於視訊會議。為了不打擾丈夫，夫人竟然打電話求助科技廠的人員，說他「沒吃早餐，肚子很餓，不好意思打斷工作中的老公」。園區人員一度嘗試叫外送，但由於和我認識，他還

是希望我幫忙。事實上，我完全可以編個理由說：「正在開會，不太方便。」但因為我認識這位園區人員，加上舉手之勞，只是從辦公室走到病房去，不會耽誤我的工作，於是我便親自前去關心。當我走到病房後，副總馬上停下手邊工作，和我下樓到店家買食物。我只花了兩分鐘，順利解決問題，副總夫人開心，科技廠人員也開心，皆大歡喜。

幫助別人要考量天時地利人和。我的初衷是有能力，就幫助別人解決問題；但如果超出我的能力範圍，只能盡力而為。如果當時我正出差或開會，也只能委婉拒絕。畢竟，舉手之勞也有其限度。

不是所有的幫忙，都是理所當然

要別人心甘情願幫助你，首先，你必須先幫助別人，無私付出，心存利他，不求回報，並且不斷累積這份助人的熱情。當你有一天需要幫助時，別人才會理所當然地伸出援手。此外，當別人幫助你，一定要及時表達感謝，無論透過言語、Line 訊息，或是送小禮物。不要等到過了八百年才感謝，那會讓人無感。

我也認為，不論是請別人幫忙，或是別人要你幫忙，我覺得都應該保持「舒服感」，也就是沒有壓力的狀態。我曾遇過一些人，請求幫忙時口氣不佳，彷彿我幫他是理所當然的。事情成了，連一句謝謝都沒有；倘若不如他所願，就擺出高姿態，好像我對不起他一樣，「**不是所有的幫忙，都是理所當然的。**」請別人幫忙時，應

該理解對方需要付出多少心力和時間。所以，即便結果不如我所願，我也會心存感激，畢竟，別人沒有義務無條件地幫助我。

在幫助他人的過程中，我認為也不應該為難自己，真的不需要為了別人而犧牲自己，應該學會委婉地說「不」。有次，朋友不斷動之以情，希望我出席一場重要活動，我告訴他，當天已經另有行程，我盡量趕趕看。但他還是堅持這場活動很重要，我必須參加。雖然是好友，但我評估，早已安排重要的行程不可能改變，我還是決定按照原定計畫走完行程，活動結束後再趕過去。結果，等我飛奔到朋友所說的「重要活動」後，發現自己好像也沒那麼重要。當下，我慶幸自己做了正確的決定，沒有因為別人的「不斷請託」而放棄原計畫，甚至犧牲自己的權益。

> ⚡ **能量站**
>
> 一旦幫助別人帶有目的，就很難激發熱情，所以，
> 一本初衷，幫助別人解決問題，才是快樂的來源。
> 當然，也要記得，不是所有的幫忙都是理所當然的，
> 也要量力而為，不需要犧牲自己。

平時累積助人，
關鍵時刻自有他人相助

今天是宜真姐的生日～真的很感謝姐對後輩的提攜。

想當年，宜真姐是文化局局長，我還在新瓦屋當街頭藝人，有人跑來跟我要名片並問我說：「你知道是誰跟你要名片的嗎？」

「是文化局局長耶！」

當下既興奮又緊張。

我便順口問了一句：「為什麼要跟我拿名片？」

「局長說以後要找表演者就要找這種的，熱鬧＆親切跟人家互動的。」

原本擔心名片拿完之後便音訊全無……

但是，局長真的找我去記者會表演耶！

重點是～

當我表演結束後，宜真姐是唯一！真的是唯一！

會找我去大合照的人，到現在依然如此！

那時，媒體記者在拍新聞照時，我聽到暖暖有如天使的聲音：

「菲力！過來一起拍照。」

說真的，對我來說真的很窩心。

明明我只是個小小表演者（淚流滿面），

是不是可以看得出來，

宜真姐待人接物，細心的程度真的是我學習的對象！

從我開始認識宜真姐，從局長到現在中醫大的執行長，十年如一日！

有些時候對人的態度跟回饋，會改變這個人的一輩子。

或許對宜真姐來說，這些沒什麼，

但是，卻影響我這六年的活動生涯的處事標準。

我的回饋報答方式就是：

宜真姐只要一開口需要幫忙的，我一定使命必達！

最後，祝宜真姐

生日快樂！永遠青春美麗！

　　這是一位朋友、魔術汽球達人菲力，在臉書上給我的生日祝福。如今，他已經成為數位創作達人，也是我的老師，教我初階簡報設

計和攝影剪接。當年，我在擔任文化局長時一個小小的舉動，卻讓他一直感恩在心，每年生日，都會親送生日禮物給我。由於他的汽球魔術很吸睛，我也引薦給其他單位，讓他在活動中表演。他常常都大放送，讓主辦單位覺得物超所值，我們也因此保持了良好的合作關係。有一天，我發現他在公家單位授課，內容剛好是我有興趣的主題，可惜當天無法出席。於是，我問他：「還有其他授課時間嗎？我想去聽。」沒想到，他二話不說就答應了，還說可以一對一教學，只要請他喝飲料即可，感謝我當年對他的提攜。於是，我開始跟他學習，他也非常有耐心地教我。

平常累積幫助他人，在關鍵時刻，別人自然而然理所當然幫助你。

先感謝、再肯定，請人幫忙易奏效

當我請求別人幫忙時，通常會以「有件事，是不是可以請您幫忙？」作為開頭。這句話代表別人比我厲害，所以我需要他的協助，透過拉高對方能力的方式，讓對方更願意幫忙。當然，語氣也要柔和，既然要請別人幫忙，就要謙卑、動之以情。另外，在請求別人幫忙之前，可以先感謝並肯定他過去的幫助，我曾收到一個印象深刻的訊息，某位醫師希望我能再次幫忙進行新聞行銷，他傳給我這樣的訊息：

執行長，早安，我寫了一篇微創手術的文章，刊登在醫院門診表及網路上。感謝您及公關室的行銷，有許多病人也是看到文章，

從外縣市來求診。目前我在中醫大新竹附醫進行微創內視鏡手術，已經突破 1000 台，因為手術器械及術式的精進，想再寫篇文章，加強這項微創手術的行銷，可以麻煩執行長再幫忙嗎？謝謝。

這位醫師先感謝我和團隊的努力，並且提出實例，然後才提出請求。看到這樣的感謝，怎麼可能會拒絕？所以，**要有效地請別人幫忙，應該先感謝和肯定，再提出請求，這樣幾乎都可以成功。**

我認為「回饋」非常重要。別人請託我的事，不論是否有結果，我都會主動回報進度，這不僅代表我重視這件事，也能讓對方了解我的努力和付出。我也每天提醒自己，不論在工作或生活中，都要感謝別人的幫忙，我會用 Line 訊息對他說「感謝大力協助。」**正是因為有這麼多人的幫忙，每天每個細節都配合得剛剛好，才能成就我們日常的幸福。**

⚡ **能量站**

要有效地請別人幫忙，先感謝、肯定，再提出請求。
累積助人的熱情，關鍵時刻，別人自然願意幫你。
只要別人對我有幫助，不論大小事，不論結果如何，
都要説聲「謝謝」。

溝通力創造雙贏 Win Win，
成功達陣

在清華大學上課時，我很想修一門「董總的經營哲學」，但因為場地有人數限制，我無法選到這門課。有天，我發現教授正在使用臉書，便私訊與他溝通。我告訴教授，自己曾擔任過記者，上課時可用記者的角度將重點菁華寫成新聞稿，協助清華大學發新聞稿，正面行銷產學合作，教授一聽便欣然接受了我的提議。

新聞魂上身，課堂也能抓住新聞亮點

於是，當別人只是在上課，我必須新聞魂上身，開始抓新聞重點。甚至，在聽講過程中，立即生成一篇新聞稿並拍攝照片。每篇報導都被媒體採用，報導率達到百分之百，不僅提升學校的曝光度，也為清大、教授、企業和我自己創造了四贏的局面。

第一篇新聞稿是關於台達電董事長海英俊，到清華大學「董總的經營哲學」課堂，與在職專班學生分享他個人和台達電的轉型歷程。海英俊勉勵學生，策略規劃非常重要，要思考 5 年、10 年後的發展，政策需要與時俱進，不斷修正和檢視。後來，這則報導還被刊登在《經濟日報》。

第二篇報導則是玉山銀行董事長黃男州，與在職專班學生分享企業如何邁向永續未來。他提到，除了持續從事桌球運動外，最大的興趣就是閱讀。他推薦柯林斯（Jim Collins）的書《恆久卓越的修煉》和《從 A 到 A+》，強調企業從優秀到卓越，需要核心價值和理念願景，並結合志同道合的夥伴，以精準策略和高度執行力，將公司資源充分運用。

第三篇報導是宏碁董事長暨執行長陳俊聖，分享逆轉勝的經營哲學。宏碁曾虧損 200 億，到今日擁有十家上市櫃及興櫃公司，創造出超過 1,200 億元市值。陳俊聖建議，領導者就任時必須提出百日計畫，包括三個關鍵步驟：保障工作權、密集溝通降低焦慮，以及密切關注財務數字。每週查看財務報表，頻繁發布內部正面消息，以及每年舉辦兩次全球產品發表會，這些計畫 10 年來堅持不懈。他更以台積電創辦人張忠謀手寫給他的格言「樂觀是競爭優勢」，與學生互勉，這句話也成為我的座右銘，不論在職場或生活中，當我遇到低潮或挫折，都以「樂觀是競爭優勢」來勉勵自己。

拒絕不是終點，再試一次成功達陣

在溝通上，我通常被拒絕三次，才會真正死心。被拒絕一次，我會再試一次，動之以情，也許對方還在猶豫思考，當其他人都選擇放棄，我會繼續積極爭取，也許就能成功。再試一次，換個角度繼續溝通，試圖創造雙贏。我會告訴對方：「這不僅是我贏，也是你贏，我們可以雙贏。」如果我當初只是告訴教授「我很想上這堂課」，這樣的理由很難說服他，但我轉了一個彎，建議以媒體角度報導課堂內容，創造多贏，結果成功達陣。

> ⚡ **能量站**
>
> 被拒絕一次沒關係，轉個彎，試著從不同角度繼續溝通，讓對方感覺贏，創造雙贏，這樣的溝通，往往可以成功達陣。

不批評、不論斷、給讚美，
灰色的心，得到彩色的擁抱

關係，是要舒服的。要做自己，也要讓別人做自己。生活互不干涉，不須過多評論，也不施加壓力。相信對方會這麼做，一定有他的理由。每個人都是獨立且成熟的個體，正所謂「江山易改，本性難移」，別天真以為可以改變一個人。我曾聽過一個很有趣的比喻：「改變自己可成為神，想要改變別人則是神經病。」

舉個例子，男女朋友剛開始交往時，愛得死去活來，女友要求男友秒回訊息，如果沒有就會極度失望。後來男友被派到國外工作，兩人開始遠距戀愛，因為時差問題，女友要求男友每天早晚問候他，對他來說，這代表男友想他、愛他。可惜的是，男友的個性天生浪漫不羈、追求自由，常常忘記這些。於是，女友時常陷入「他不愛我」、「他不重視我」的自我懷疑，甚至猜測他可能另有新歡。「本來無一物，何處惹塵埃。」最終，兩人陷入無止境的吵架與冷戰，女友痛苦，傷身傷心，但男友不僅沒有改變，反而刻意保持距離，堅持做自己，不想承受過多壓力。

其實，女友根本不可能改變男友，只能改變自己的心態。他應該珍惜兩人在一起的開心與美好，而不是過度在意有沒有秒回訊息。大多數時候，男友都有按時問候，偶爾忘記了，也許真的只是

忘記了，並不代表他不上心。兩人在一起的感覺最重要，如果男友真的不愛了，女友的直覺一定能感受到。根本不該仰賴早安晚安的制式問候，來認定是不是真愛。

與其在感情中不斷猜忌、擔心，不如好好專注在自己身上，好好寵愛自己，避免因為生氣難過而傷身。發揮自己的競爭優勢，讓對方欣賞你的優點。外表的吸引力久了就會膩，唯有內在的吸引力，互相欣賞的人格特質，雙方才會走得長長久久。

正向思考！從感恩到不評斷的智慧

曾經聽過一位醫師提到，生氣是一種慢性自殺。因此，建議大家刻意練習不生氣，每天心懷感恩，起床無病無痛都值得感恩，連喝一杯白開水也要感恩。我曾有兩次用餐時被魚刺刺到舌頭的慘痛經驗，整個嘴巴痛得像是被閃電擊中，喝口水都感到刺痛，連吞口水也很疼痛難忍，所以，可以好好喝口水，也是一種幸福，也應該感恩。

我很幸福，生命中擁有充滿正能量的好友，不論我做什麼事，一定力挺到底。比如，當我雄心壯志地想完成一件事，卻發現事與願違，只好低調默默打退堂鼓。他不會對你說：「你要堅持啊！」「怎麼這麼快就放棄？」「太可惜了，繼續加油。」

他反而會說：「起碼嘗試過了！也是勇氣可嘉！給你鼓勵一下。」他非常了解我，知道我一定經過一番苦思，才會做出決定。

他總是從我的角度思考，而不是站在他的立場批評我。比如，當我覺得稿子寫得不夠好，請他給意見，他一定正面回應，有時候還會說「寫得超好的！」當我覺得自己不夠好，他也會說：「你已經很棒了。」

《聖經·馬太福音》第七章第一節提到：「你們不要評斷別人，免得你們被審判。為什麼看見你弟兄眼中有刺，卻不想自己眼中有梁木呢？」

> ⚡ **能量站**
>
> 不批評、不論斷、給鼓勵、給讚美。灰色的心，總能得到彩色的擁抱。

一句讚美，可以拯救世界。
累積讚美，當「烏鴉」也有人愛

　　有一次，要跟老闆報告事情，我發現他竟然穿了一雙紅色布鞋，立馬誇他看起來「好年輕。」還有一次，老闆戴了一副綠色的眼鏡，我馬上讚美他：「哇！好潮！」老闆聽了果然非常開心，我們的話匣子先走輕鬆路線，隨後再適時切入重點。老闆開心，提案自然就更容易成功。**所以，想要成功提案，就從讚美開始。**

　　有病患問我：「要買什麼禮物感謝醫師？」我說最好的感謝，就是在 Google 評論上肯定醫護，讓更多人知道。病患聽從建議，寫下「醫師耐心問診，非常親切。」我轉發給醫師，醫師立馬回覆：「真的非常開心！」**有時候，一句讚美和肯定，可以讓人開心一整天，甚至拯救他們的世界。所以，少批評，多鼓勵，多肯定。**

用讚美傳遞正能量

　　這天，在電梯遇到一位平常互動不多的同仁 A。他竟然開口跟我說：「執行長，你這件衣服好美，不，是你每天都很美！」當下真的覺得超開心，我並沒扭捏地回應：「沒有啦！」而是大方接受他的讚美。我也回饋他：「你今天看起來精神不錯。」讚美可以是

外表上的，如髮型、穿著、妝容與配飾等，也可以是內在的，如聲音好聽、個性積極等。

「你是不是變瘦了？」有天在我刷卡後，常去的服飾店小姐問我。我開心地回應：「應該有吧！可能前幾天剛好做腸胃鏡，大清腸。」他接著說：「剛剛你在試穿這件衣服的時候，我有注意到，非常適合你。上一個客人也是很瘦，不過，試穿的時候，小腹藏不住。」他的話很中肯，還提出了「證據」，重點是我已經刷卡了，他並不需要奉承我，所以我就信以為真了。當別人說你變瘦的時候，就算外表並沒有變瘦，也會出於心理因素，獲得自信，甚至覺得自己真的瘦了。在瑜珈課上，我同樣感受到讚美的力量，當我做某些姿勢卡卡時，瑜珈老師總是輕聲細語地幫我調整動作，然後鼓勵我：「很棒，對了，這樣進步很多。」雖然我心裡知道，自己離標準動作還差很遠，但因瑜珈老師不斷鼓勵，讓我真的覺得自己表現得很棒。

特別提醒，讚美力量大，但是，一定要真誠，千萬不要假惺惺的讚美，很容易被識破。

當「烏鴉」也能討人喜歡的溝通術

在職場，每天肯定別人已經做的事，代表我們看見了他們的努力，並且要真誠地表達這份認可。同時，使用正向的語言也很重要，例如，「落落大方」比「不害羞」更積極正面。透過正能量的溝通，累積肯定，能夠創造良好的溝通氛圍。就算在組織內當「烏鴉」給建言，別人也會因為你平時的肯定，理解你是在幫他，而不是在吐槽。

業務上，我和同仁常需處理客訴和醫療糾紛，如果遇到民眾反映問題，我會先將他們的意見羅列重點，再轉給醫護和行政同仁，請他們依據事實說明，最後再統一回覆民眾。在這個過程中，我的角色絕對不是「質問」或「找碴」。醫師們也非常清楚，我的定位是協助他們解決問題，而非與他們對立。

某位醫師正面新聞不斷，獲得相當高的曝光度。某天，有位病患因為手術復原狀況不如預期，寫信抱怨這位醫師。我和同仁一方面了解病患的訴求，一方面也了解醫師的處置方式，確定符合醫療常規後，再向病患解釋回覆。過了幾天，收到醫師的感謝，他說：「病患今日回診，態度已大幅改善，也了解自己因病情嚴重造成後續影響。謝謝大力協助。」這句感謝的話，在不斷接收負能量的職場中，帶給我和同仁極大的成就感。醫師也清楚，我們不是在質疑他，而是共同找到醫病的痛點，一起解決問題。

⚡ 能量站

不斷累積對別人的肯定，當有一天變成「烏鴉」，帶來不太好的訊息時，別人會因為你平時累積的讚美，認為你是在幫他解決問題，而不是在找碴。

演講要抓住眼球，
講聽眾想聽的，解決聽眾問題

我記得幾年前曾到一所科技大學，和大學生分享行銷策略。當時我認為自己的媒體行銷經驗豐富，內容精彩，但致命的是，我沒有精準掌握大學生真正想聽的內容，只顧秀自己的「豐功偉業」，上百個人的演講，只能用「慘不忍睹」來形容，大概只有一到兩位坐在前排的學生認真聽我分享，其餘的不是在滑手機、睡覺，就是忙著做自己的事情。唯一讓大部分學生聚精會神的是，我播放了一段文化局規劃的鬼節活動影片，意外激發學生的興趣。原來，大學生喜歡新鮮、刺激的分享。

那次演講，真的身心受創，深受打擊。

抓住聽眾的心，成功簡報五大關鍵

後來，我去上了曾培祐老師的「線上吸睛教學法」，並在網路搜尋其他人的教學方法，最終整理出提升簡報力的幾個重要關鍵。

1. **精準鎖定目標族群**：如果簡報內容談的是媒體行銷策略，必須根據不同的聽眾量身打造。面對大學生，可以分享「從新媒體行銷經營個人品牌」；如果聽眾是醫療院所的醫護人員，可談「醫療行銷策略如何創造產值」；而針對縣府或企業，則可探討「透

過媒體行銷包裝政策」。重點是，不同的聽眾有不同的關注點，需針對他們所關心的議題著手。

2. **和邀約你的人討論**：了解主辦單位為什麼會找你演講？這次演講希望聚焦的主題是什麼？企業遇到了什麼問題需要改進？以及聽眾想聽什麼內容？希望達到什麼樣的效果？演講者可以和邀約方深入討論，以便精確掌握聽眾喜好。

3. **解決目標族群的問題**：簡報應該要解決目標族群的問題，為什麼他們要來聽你的演講？他們希望學到什麼？以及你希望聽眾可以在這場簡報中學到什麼？這些都是演講的重點和痛點。

4. **和時間當好朋友**：每個人的專注力最多只有 25 分鐘，因此，建議每 25 分鐘講一次重點，然後停頓一下，讓聽眾思考剛剛講的內容，即可有效增強輸入和輸出的效果。

5. **和目標族群互動，抓住專注力：成功的演講者必須成功抓住聽眾注意力。**為了吸引目標族群注意，可以透過分組、搶答，送集點卡換獎品等活動，增加互動，抓住聽眾的眼球。

　　我們醫院邀請王景民老師來院演講與帶動活動。每次活動前，王景民老師都會花一個小時和我們討論，了解這場活動的目標和期

望。這天的活動由護理部主管特別邀約，有主管表示：「希望透過活動，讓年輕的護理師知道，直屬長官其實沒有那麼嚴肅，還是可以請教醫療問題。」也有主管提到，「希望透過演講，讓年輕護理師了解如何向上管理，也了解如何與同儕溝通。」王景民老師綜合各方意見後，認為護理師的「自我覺察」最為關鍵，只有透過自我覺察，了解自己，才能激勵自己。依據院方需求，他設計了一場針對護理師的獨特活動，達到「目標族群」的期望。

切記，不要只講你想講的，要講聽眾想聽的，打中痛點，才是最重要的。

講者講 25 分鐘 讓聽者分享輸出加分加倍

有了以上簡報技巧的概念，感謝醫師好友黃政斌邀請，我前往醫院分享有關醫療行銷的經驗。我事先確認聽眾的組成，包括醫護、醫技和行政同仁，也確認他們對醫療行銷有興趣，想加強這方面的技能。確定目標族群和議題後，我毫不藏私地分享自己五年多來的醫療行銷經驗，題目訂為「正面新聞衝衝衝上全國版，負面新聞化危機為轉機攻略」。第一階段，我以結論為開場，分享了自己在清華大學在職專班的畢業論文——《中國醫藥大學新竹附設醫院媒體行銷對醫師知名度以及門診人次提升之探討》的成果，為醫院和醫師打了一劑強心針，證明新聞行銷確實有助於提升醫師知名度和門診量。第二階段分享，如何週週發新聞，攻上全國版，包含建立多元化行銷平台，透過官網醫師介紹、門診表、媒體報導、醫師投稿、自製影片、運用社

群媒體（如 FB、IG、Podcast）、深入基層社區、前進科學園區、和基層診所院長醫療群交流、跨域與公私部門合作，甚至成立藝廊、音樂志工團隊，將醫院打造為影視基地等，打破同溫層，拓展曝光管道。

我以 25 分鐘演講為一個階段，然後暫停片刻，讓聆聽者思考剛剛分享的重點，並且拋出問題，讓他們有機會輸出思考成果。我提出的問題包含：

1. 以中醫大新竹附醫媒體行銷為例，貴院目前做到幾項？

2. 覺得最有效的平台？

3. 未來可以努力的平台？

4. 還有哪些平台可以建議？

為了激發聆聽者的分享熱情，鼓勵大家踴躍發言，我先將麥克風遞給我認識的黃政斌醫師。他果然侃侃而談，順勢帶動其他想發言的醫護和行政同仁。接下來，我分享如何生成一篇新聞稿，並逐步拆解醫療新聞稿模板：

第一段：先說明以下內容

1. 個案年齡、性別、症狀？

2. 求診科別及醫師，診斷出什麼疾病？

3. 接受什麼手術或藥物治療？

4. 手術時間？多久可下床？何時出院？目前改善狀況？

第二段：再引用醫師的意見

1. 為什麼會得到此病症？高危險群和危險因子是什麼？

2. 如何預防此病症？

3. 如何治療？

第三段：醫師進行衛教

1. 說明在飲食、生活作息、術後等注意事項。

　　基本上，掌握以上重點，就可以生成一篇含金量滿滿的新聞稿。如果再加上有故事性的內容，甚至病患願意站出來，就更加感動人。**新聞一定要新、有創意，透過故事包裝，搭上時事，結合年慶活動，用淺顯易懂的文字呈現，並配上感動的照片。帥哥、美女、小孩和動物最吸睛，一張照片勝過千言萬語，加上良好的媒體關係，每則新聞報導率百分之百，甚至可衝上全國版。**

　　我也再度善用 25 分鐘休息法，讓聽者思考「醫院可以發哪些正面新聞？」導引聽眾輸出他們的想法。果然，演講結束，還有不少醫護同仁意猶未盡，繼續和我討論。

🔋 **能量站**

演講祕笈在於，講者 25 分鐘分享內容，2 分鐘停頓讓聽者思考，丟出問題，再讓聽者分享，這樣可以促進輸入和輸出。尤其，當場完成一項具體作品，如新聞稿，能讓聽者更有收穫與成就感。

簡報吸睛，
要「內外夾攻」

簡報要抓住聽眾眼球，可從「態度面」和「內容面」兩方面著手。

態度面：

1. **自己就是品牌，服裝展現專業**：男女都建議穿套裝，表示對聽者的尊重。

2. **自信展現氣勢**：隨時保持好心情，微笑、熱情、散發正能量。

3. **肢體語言吸引目光**：微笑是簡報最重要的利器。一上台，深呼吸、微笑，眼睛自然橫掃全場，注意麥克風與嘴巴的距離。站姿要抬頭挺胸，避免一直盯著後方的簡報內容，手部動作自然，吸引目光。

4. **一開場要引起聽眾興趣**：可以透過說故事、問問題、放慢講話速度，清楚表達重點，講出你所相信的。

5. **聲音是豐富的工具**：咬字要清楚，音量適中，語調專業。講話速度不要過快或過慢，適時停頓也是溝通的技巧，這些都可以刻意練習。

6. 時間掌握，切忌落落長。

內容面：

　　我認為關鍵在於從聽眾的角度切入，思考對他們有什麼好處，打到痛點，並能有效解決他們的問題。

7. 精準掌握目標族群：簡報要講給「誰」聽？例如，講給教授聽是為了拿到好成績？講給老闆聽是為了說服他接受提案？或是要爭取標案？開始時應向聽者問好，表達誠意。

8. 命名一個響亮有創意的題目：題目最好包含數字並有結論，例如：「掌握六大策略，0 元行銷，報導率百分百」。這個標題可以直接讓目標族群有感，並提供具體的學習內容。

9. 吸睛的照片：一張圖勝過千言萬語，避免過多文字。

10.使用影片或訪談：透過影片或訪談驗證理論，強化簡報內容。

11.以過去、現在和未來呈現：以過去的經驗和現在的成果，帶出簡報的目標和願景。

12.引用國外經驗：比較國內外資料，分析 SWOT，讓簡報更具國際視野。

13.引用數據：檢附資料來源，增加簡報的專業度和可信度。

14.開放式提問：結論後，留給聽眾一些問題，引領思考。

15.先談結論，再談原因和細節，再彙整結論：重複結論，讓聽者

採取行動。譬如讓客戶訂單，或讓老闆同意提案。

16.**要有金句**：最好有一兩句有力的金句，讓人朗朗上口，便於記憶。

17.**三個重點**：強調三個重點，讓聽眾記憶深刻。

18.**練習練習再練習**：台上一分鐘，台下十年功，只有不斷練習，才能做到成功的簡報。

黃仁勳的行銷秀，用簡報贏得台灣人的心

2024 年 6 月 2 日，NVIDIA 執行長黃仁勳在台大體育館舉行演講，主題為「開啟產業革命的全新時代」，展現了他的「簡報力」、「行銷力」和「品牌力」。黃仁勳以一身招牌黑色皮衣，秀出他與眾不同的品牌形象。演講時，他始終保持微笑，輕鬆的簡報方式讓人像是在看一場秀。他不看稿，面對群眾，以內容帶出投影片，並進行走動式簡報，綜觀全場，肢體語言也巧妙抓住觀眾目光。他偶爾秀一點中文，尤其是台語，瞬間拉近與觀眾的距離。簡報中也穿插幾支影片，一張圖片勝過千言萬語，實體道具的操作更讓人感同身受、印象深刻。最高潮當然落在結尾那段「謝謝你，台灣」的影片，讓我起了雞皮疙瘩，非常感動，為這場演講畫下最棒、最令人印象深刻的結尾。

影片中提到：「台灣是無名的英雄，卻是世界的支柱……成為 AI 產業革新的後盾。無論面對多大風浪，你始終穩如磐石。」。身為 AI 教父，卻懷著感恩謙卑的心，影片放上和張忠謀的照片，

甚至不吝嗇地展示合作夥伴的品牌和 LOGO，既是創意行銷，更是免費的廣告宣傳。黃仁勳明明在賣產品，但聽眾對他印象最深刻的，卻是他「愛台灣」，「喜歡看別人成功」的品牌價值。

「你怎麼可能不愛黃仁勳？」

這樣做，拿到千萬甚至億萬標案

感謝國立新竹生活美學館館長葉于正邀請，讓我擔任北區飲食文化地方創生計畫的評選委員。從委員的角度，我想分享一些成功的提案簡報技巧，如何順利拿到千萬，甚至億萬的標案。

外在條件：

1. **梳妝打扮，穿出專業度**：建議男士穿西裝、女士穿套裝，展現專業形象。如果蓬頭垢面、穿著隨意，評審也容易分心或放空。

2. **自我介紹大方自信**：清楚地介紹自己，一字一句講清楚「我是計畫主持人 XXX」，不要害怕念自己的名字，讓評審知道你和計劃的關聯性。

3. **簡報前檢查麥克風，確保聲音清楚**：最重要的是，請優雅地完成簡報，不要像趕火車一樣，否則會讓評審聽得很緊張。

4. **適度的肢體語言**，可以吸引目光。

5. **眼神交流**：評審專注地看著並聆聽你的簡報，也別忘了適當與

評審眼神交會有互動，展現自信。

6. **一張簡報一個重點**：太多重點容易讓人眼花撩亂，看得很吃力。一張漂亮的照片勝過千言萬語，也可以透過影片，強化簡報內容。

7. **精準掌握時間**：一般簡報時間為 15 分鐘，接下來 10 分鐘則用來回答委員問題。15 分鐘內，先掌握三個主要重點，再分配其他次要重點。

8. **出席者也是加分重點**：如果能讓董事長等高層親自出席，展現對這項提案的重視，絕對加分。

9. **了解目標族群**：以提案來說，評審委員就是主要目標對象，應禮貌地向委員問好，再傳遞內容主軸和價值主張。

接下是「內外夾攻」中的「內容」部分：

1. **簡報內容一定要有創意**，讓人看後產生「WOW」的效果。

2. **展現企圖心和自信心**，當計畫目標是 A 時，如能提出 A ＋ 1 或創意加值服務，會讓承辦單位更心動，優先考慮錄取。

3. **簡報提案要展現專業**，清晰的價值主張，以及策展的主軸和策略，且須有亮點。

4. **主視覺設計要抓住觀眾眼球**，並搭配響亮的 Slogan。

5. **回答委員問題，可以稱呼姓氏**，例如「回應張委員問題」，表

達對委員的尊重。同一個問題，若有兩位以上的委員提問，尤其是主席提問，一定要「直球對決」，不能避談，表示這個問題是關鍵。

拆解神級簡報力

在愛瑞克新書《內在成就》的分享會上，我被「故事超人黃瑞仁」的簡報力深深驚豔，以下一一拆解給大家參考。

1. **懸疑式開場**：黃瑞仁一開始就丟給觀眾問題：「猜猜影響他一生的人是誰？」還利用挖空留黑的照片製造懸疑，只提供文字訊息，讓觀眾猜測。第二張投影片，則是他與財團法人公益平台文化基金會董事長嚴長壽的合照，答案揭曉，影響他一生的人是嚴長壽。有了懸疑式的開場，繼續讓大家猜測，第二位影響他的人是誰，並再次使用挖空留黑的照片。這時候，大家比較有經驗，因為是在愛瑞克的新書分享會上，所以很快猜出第二位影響他的人是愛瑞克。

2. **人生中最打動的一句話**：黃瑞仁標示愛瑞克《內在成就》一書，最打動他的一句話：「希望成為怎樣的人，你就去成為那樣的人。」並且標註頁數。然後，再帶出他的書《把自己活成好故事》，也有類似的文字：「要成為更好的人，不要去成就別人眼中的你。」這種相互呼應的理念，印證兩人的共識：**「希望成為怎樣的人，你就去成為那樣的人」**，英雄所見略同。

3. **再送給大家一句金句**：黃瑞仁期勉大家「一起在未來遇見更好的自己」。

4. **以專業抬頭介紹自己**：結尾時，黃瑞仁再度介紹自己：「我是故事超人，我是黃瑞仁。」讓人印象深刻。

⚡ **能量站**

簡報力，除了練習，還是練習。內容是王道，有好的內容，還要透過「內外夾攻」，包括肢體語言、聲音傳遞，以及專業形象，才能吸引觀眾目光。學習、拆解與模仿高手的簡報，下一次上台，也能達到神級簡報的水準。

漂亮履歷
一定要展現競爭優勢

　　想要到某單位求職，一定要準備令人驚豔的履歷，才能在眾多競爭者中脫穎而出。先說照片，建議花錢去照相館或攝影工作室，拍攝大頭照或專業形象照，避免使用網美照或隨意的生活照，畢竟應徵的是工作，照片的呈現反映你對工作的態度。搞定照片後，接下來就是學經歷簡介，一定要展現人格特質的獨特性和差異性，說明「為什麼這家公司要用你？非你不可？」讓你的履歷可以跳出面試官的眼睛，吸引他們的注意。

用履歷突顯競爭優勢

　　履歷如何寫得漂亮？我認為關鍵在於突顯你與眾不同競爭優勢，強調人格特質，以及和他人的差異性。同時，藉由舉例或故事，以增強說服力。以我自己為例，在我的履歷中，就羅列出我擅長的領域，創意建立品牌、跨域合作、策展和活動規劃、媒體行銷能力以及公關危機處理。以下是我的履歷範例：

張宜真，從小就有一個夢「想當記者」，我做到了，身上流著「新聞」DNA，喜歡創新創意，堅持「與眾不同」。我在成功大學中文

系就讀時，參加新聞社，專注於採訪和編輯。之後赴美國中央密蘇里大學攻讀大眾傳播碩士，畢業後就到華衛電視台工作，歷經環球、超視、年代、三立電視台，從社會新聞到政治新聞，從一名地方記者晉升為三立電視台政治組副主任，主跑立法院新聞，負責規劃採訪新聞和專題，累積約 15 年的新聞經歷。

以創意行銷建立品牌

因為家庭因素轉換跑道到新竹縣縣政府擔任機要祕書，負責處理縣政府新聞、公關活動、行銷和政策包裝。將在電視台長達 15 年的新聞經驗引進縣政府，首創影音小組，也首創製播客家新聞，培養主播、文字和攝影記者，並且擔任主持人製作節目，專訪縣長、局處首長等，建立縣府品牌。

之後被拔擢出任新竹縣文化局長，領導約 80 位同仁，以「連結在地、接軌國際、文化創新」為施政主軸，規劃策展創新活動。辦理義民祭活動，首創將義民祭漫畫繪本扎根校園，首度舉辦「亞洲當代版畫展 - 在竹縣」展覽，邀請日本、韓國等 88 位藝術家共同參展，國際巨星翁倩玉受邀出席並且展出版畫〈綠葉翠歌〉創作。

擅長跨域合作

出任中國醫藥大學新竹附設醫院品牌行銷公共事務執行長，再度運用專業的媒體經驗找新聞梗，把醫院當新聞台，平均一週發一到兩則新聞，屢屢登上全國版和全國電視台，行銷新醫院建立品牌，發揮創意跨域合作，和新竹縣政府以及科學園區合作，醫療結合文化和科技。

媒體公關和危機處理能力

秉持沒有永遠的正面新聞，當遇到負面新聞一定要勇於面對，清楚說明，展現誠意，平衡報導，如果有錯，立即道歉才能止血。

結論

我相信，以我的專業能力，創意行銷建立品牌、擅長跨域合作、媒體公關和危機處理能力等，一定可以協助貴單位建立正面品牌形象成功行銷，遇到問題，可以成功拆彈，化危機為轉機。

> ### ⚡ 能量站
>
> 履歷的照片要展現專業度，履歷內容也要展現個人的競爭優勢，列舉「豐功偉業」，透過參與的實際案例，更容易在競爭中勝出。

面試前的溝通，
已經開始在「面試」

　　有了漂亮履歷，接下來要等待機會。既然要求職，就要保持郵件或電話暢通。如果得到面試機會，公司會致電或透過電子郵件邀約，請務必及時回覆，確認面試的時間和地點，不僅能顯示你的禮貌，也避免錯過機會，切忌已讀不回。若是透過電話聯繫，也要再三確認面試時間，以免錯過。其實，在一開始的溝通過程中，面試官已經在測試你對事件的反應，也藉此評估你的人格特質，這一刻，「面試」已經悄然開始了。我曾經遇過一位求職者，在約訪過程中，他每次收到郵件，一定及時回覆，並且禮貌地說謝謝。當我們再次用電話確認面試時間和地點，他輕聲細語，態度堅定地表示一定會到，這種有禮貌且重視細節的表現，給我們留下深刻的印象，最後，他成功錄取了。

　　我也曾經遇過履歷寫得非常漂亮的求職者，認為他就是我們單位的天選之人，但在面試當天，卻遲遲沒有出現，致電過去才發現他「記錯時間」，讓人非常失望。如果連面試時間都會記錯，以後怎麼交辦工作給他？這也反映出他對工作的不重視，缺乏時間觀念，而且做事非常不謹慎。我還遇過遲到的求職者，當時我在辦公室等他面試，致電過去，對方才說：「已經在停車場停車了。」讓

面試官等面試者，第一印象就大打折扣，一個不守時的人，未來在職場也不會準時，不會如期交專案，也不會提早因應危機狀況。

事實上，**在面試前的溝通過程中，主管已經在「面試」你。一旦得到面試機會，請好好珍惜，一定要提前抵達現場，熟悉環境。** 此外，在面試前一定要做功課，可以透過公司官網或社群平台了解該單位的企業文化，確認工作內容是否符合你的興趣，否則只是浪費彼此的時間。

面試「內外夾攻」溝通學

進入真正面試時，第一印象非常重要，提醒要「內外夾攻」。在外表上，服裝儀容是給人的第一印象，代表你的專業形象。不論男女，建議面試前一天或當天去洗個頭，讓髮型看起來乾淨整齊。服裝則需穿得自在，同時展現職場形象，女生建議套裝，男生則以正式服裝為宜。鞋子也要注意，千萬不要穿拖鞋或露出腳趾頭，襪子保持乾淨整潔，避免異味。我曾遇過一些面試者蓬頭亂髮，或僅用夾子隨意紮馬尾，畢竟我負責的單位是公關部門，需要對外溝通，儀容整齊是必備要求，對於不重視外表的面試者，第一關就會被刷掉。

妝容方面，女生可以化點妝，男生當然要剃鬍鬚。在進入面試前，務必要用鏡子檢查小細節，避免出現眼屎、鼻屎等。女生塗口紅時須注意，不要超出嘴唇或沾到牙齒。

自信的態度和眼神交流也是面試中的重點。對面試官的提問，可以點頭表示認同，再一一回答，講話聲音宜適中且簡潔有力，展現你勝任這份工作的決心與企圖心，避免用「蚊子聲」回答，讓面試官聽不清楚。如果語氣猶豫，或聲音微弱，代表你還沒有準備好執行這份工作。同時，面試者問 A，不要答 B，答非所問，代表你抓不到重點。

面試時，肢體語言也應誠懇且充滿自信。坐姿端正，不要彎腰駝背，雙手可以輕鬆地放在桌子上，或準備紙筆記下面試官的問題，代表你對面試的重視。我曾經遇過一位面試者，過程中非常沒有自信，甚至偶爾會將身體過度向前傾，彎腰駝背，整個人顯得很不自在。當然，在回答問題時，也要重視「口氣」，嘴巴發出來的氣味也很重要。

彰顯人格特質與競爭優勢的面試攻略

面試時，準備好「內外夾攻」的外在注意事項後，回答面試官的內容，要展現你的深度。根據我近 30 年的工作及面試經驗，以下是面試的常見必考題：

1. **「請簡短的自我介紹」**：主要在測試你的表達力和自信。既然要求簡短，就不用落落長，但也不是只說 10 秒即可。首先介紹名字，最好讓人一聽就記住，例如，我叫張宜真，因為在醫院服務，所以「醫定很認真」。這樣的介紹可以創造連結，讓人

印象深刻。接著，可以提到過去的「豐功偉業」，透過舉例或故事呈現競爭優勢。第三部分，提到自己與眾不同的人格特質，並說明如何幫助公司解決問題，讓面試官了解為什麼非你不可。**如果有相關作品，可以帶來展示，會更有說服力。**

2. **「為什麼想換工作？」**切記不要批評上一家公司，這會讓面試官覺得未來你可能也會批評他們，沒人喜歡愛批評、愛論斷的人。

3. **「了解工作內容？為什麼想要來應徵？」**這其實在測試你對公司與職務的了解，看看你是否事先做了功課。對工作內容有興趣、有熱情，才是最重要的。

4. **「你覺得你的優勢可以如何幫助我們公司？」**這是在測試你的人格特質。公司都喜歡樂觀、願意學習、抗壓性強且能解決問題的人。如果遇到不熟悉的領域，可以坦誠表示：「我願意努力學習。」沒有人擁有十八般武藝，誠實為上策，沒有一家公司會任用不誠實的人。

5. **「你對公司有什麼問題要詢問？」**準備問題來問面試官，表示你重視這家公司。例如，確認工作內容、薪資、直屬長官是誰、同事合作模式或福利等。面試官也有義務誠懇地回答求職者的問題。

6. **感謝對方給予面試機會**：不論結果如何，面試結束後，建議寫一封感謝信或透過 Line 等方式表示：「感謝您給予面試機會和寶貴時間，從中學習到很多。」代表你很重視、很有禮貌，也懂得感恩，一定可以為面試加分。如果成功了，那就恭喜你；但若失敗了，也許下次有工作機會，面試官會在第一時間想到你。

成為天選之人的面試策略

　　我曾經遇過一位面試者，他清楚知道我的職位是「執行長」。當我請他寄送相關作品時，雖然無法在第一時間提供，但他先發簡訊告知我，下班後會整理好並寄出。等到正式面談時，我並沒有跟他說，公關組長也會參與，但他卻帶了兩份詳細的簡報，裡面包含他的設計作品、拍攝照片，以及新媒體經營的成果。

　　當我開始問他問題時，他拿出筆記本和筆，記下面試重點，代表他的慎重和謹慎。當我問他：「會不會用什麼特定軟體？」他並沒有造假說「會」，而是誠實地回答：「不太熟，可能需要再熟悉一下。」當我詢問公關組長有什麼問題時，我發現他竟然稍微轉身面向組長，顯示他開始仔細聆聽並尊重組長的發言。令人印象深刻的是，他事前已做過功課，先上網查過我的相關訊息，還聽過我的 Podcast，甚至看過我自製的節目《醫起 GO 健康》和《宜真醫週報》，更提出具體建議，認為醫院可以參考某位醫師的影片。

　　面試快結束時，他問我「誰推薦了他？」我告訴他，是他曾面試過的單位祕書，認為他很不錯，所以推薦給我。結果，他主動傳簡訊感謝那位祕書。祕書特別將簡訊轉給我，他寫道：

「祕書，你好，很感謝您引薦我給張執行長，您真的是個很細心觀察且願意關懷他人的長官，讓您留下印象，讓我受寵若驚。稍早與張執行長面談過，張執行長是個很優秀的主管，如果能

加入他的團隊一定很榮幸。這份工作內容也與我的興趣蠻符合的。再次向您致上萬分感謝，因為有您的引薦，我才有這個機會。祝您事事順心、身體健康。」

面試沒被錄取，不代表沒受到肯定，只是當時天時地利人和尚未成熟。祕書沒錄取他，事後卻推薦他，幫助他成功獲得機會。把握面試機會，在面試完寫感謝信有加分效果。

他離開後，還特別發訊息給我：「執行長，謝謝您今日撥冗與我面談，您對於面試者誠懇的解答讓我感到非常親切，知道您在每一個工作上都全力以赴，您因為投入醫療領域也再去修習相關的學科，雖然已經擁有赫赫的外國學位仍總是願意虛心學習任何專業，讓我非常敬佩，如果有機會能加入您的團隊，我是非常榮幸的。剛剛提到有位醫生的影片經營不錯的案例，先跟您回覆分享。（附上連結）有關中醫大的影片行銷，我們可以再一起找尋吸引的觀點。很感謝努力有被祕書發現，也謝謝您願意信任我，我其實與您深談後就大致認同想加入您的團隊。感謝您們。00 敬上」

他也傳了訊息給公關組長：「組長您好，感謝執行長和組長百忙中撥冗與我面談，如果貴公司願意給予我這個機會，我很願意加入您們的團隊，會努力將軟體和器材熟悉。我有一些休假，可再安排一個時間到貴公司和前位同仁交接。再次感謝您和執行長願意給我機會和我面談，不好意思打擾您的下班時間。」

懂得感恩，並感謝面試與推薦他的人，同時能精準回應在面試

中的問題，這樣的表現被認定為我們的天選之人，他，錄取了。

最後溫馨提醒，接到「錄取通知」時，一定要特別注意，應由「企業的人事單位」正式通知為主，並提供書面通知或電子郵件確認。有時候，面試時主管雖然口頭「說」已經錄取，但是，企業還是有一定的行政流程，世事多變化，有時候人事案可能會生變。我曾遇過一位社會新鮮人，面試主管口頭表示錄取，結果更高階主管有不同意見，結果被打回票。由於他以為已被錄取，便婉拒兩家公司的面試機會，得不償失。因此，**口頭通知一定要謹慎，接到人事單位的正式錄取通知，才是真正的錄取。**

> ⚡ **能量站**
>
> 面試和簡報力一樣，注意肢體語言和自信的展現。
> 「內外夾攻」，練習練習再練習，就能美夢成真。
> 面試後，建議可以傳訊息表達感謝，增加好感度。

Chapter 5　公關力

扮演柯南，
公關力讓危機變轉機

公關危機處理七步驟，危機變轉機

公關危機處理得當，危機反而會變成轉機。以下是我認為危機處理的必備步驟公式：

1. **了解問題**：認真傾聽意見反應者的問題。

2. **分析問題**：條列式分析意見者反映的問題或疑義。

3. **誰提出問題**：直接與提出問題者溝通，避免透過第三者。

4. **定義問題**：如果檢討結果確實有問題，立即承認錯誤，提出改善方案，千萬不要死不認錯。當然，還要有最壞的打算。若遇媒體報導或當事人抗議，需迅速制定因應方案。倘若指控不實，也應積極澄清與回應。

5. **採取行動**：一旦確認問題，務必給予回應，讓意見表達者認為問題被重視和處理。該道歉就道歉，該關心就關心，立刻止血，展現負責任的態度，同時注意社會觀感。

6. **掌握時效對媒體的溝通**：若事件已被媒體報導，應儘速平衡報導，避免一面之詞。媒體版面有限，建議透過官網或社群平台公布完整聲明，不回應，會被視為默認。對於媒體不實報導，可直接聯繫撰稿媒體說明事實，要求修正，再進一步和媒體主管溝通。如果媒體刻意扭曲錯誤報導，建議採取法律行動，以正視聽。

7. **事後檢討**：建議內部檢討改進，避免重蹈覆轍。也可透過危機處理演練，讓團隊熟悉公關流程，提升應對能力。

在處理公關危機時，首先要知道問題是什麼。其次，必須確定提出意見的是誰，可能只有一個民眾，也可能是主管機關或民意代表等，不論是誰，都要誠實溝通。接下來就是分析問題，找到出現問題的環節，這時候，公關人員就必須扮演柯南的角色，抽絲剝繭，釐清事實。對單位來說，有時候會因自我保護而有所保留，公關人員必須找出問題點。我的習慣是，除了聽取指控者的說法，一定會去找被指控者的回應，盡量還原真相，接近事實。分析問題後，若確實有問題，該道歉就道歉，並提出改善方案，保證下次不會再犯。但若問題不存在，就應該據理力爭。同時，與媒體溝通也要掌握「快、狠、準」的原則，時間點很重要，最好在媒體報導時，就能提供聲明，進行平衡報導。一旦慢半拍，將失去新聞報導的平衡意義。

公關危機處理，大事化小，小事化無

我擔任文化局長的第一年，負責舉辦義民祭。當時我透過時任內政部長徐國勇，邀請到當時剛上任的行政院長賴清德出席，這是賴清德擔任行政院長後的第一個公開行程，就獻給了新竹縣義民祭。想當然爾，這場活動對我和縣府來說非常重要。

然而，天公不作美。氣象預報當天可能會下雨，上午只飄著小雨，我還有些慶幸，提醒同仁準備雨衣供參加義民祭的表演團體使

用，但我未進一步確定雨衣數量。沒想到，活動進入高潮，突然下起滂沱大雨，我再度提醒同仁儘速調度雨衣，但一切都來不及了。

　　儘管行政院長賴清德出席義民祭，博得了全國的版面，提升新竹縣和客家文化的能見度，但學生已在網路上發布影片，控訴文化局未提供雨衣，導致他們在表演時淋成落湯雞。結果，平面和電子媒體陸續打電話給我，想報導此事。平常我都是協助處理縣長或其他局處的公關危機，這一次則要處理自己的危機。

　　首先，我了解問題，確認學生在臉書社團爆料，指稱文化局未能即時提供雨衣，且沒有為他們安排避雨的地方，也同步確認這是學生對活動安排表達不滿的反應。接著，我開始分析問題，坦承文化局在活動安排上確實有欠周延，「責無旁貸」。因此，身為局長的我，理應負起責任，並定調這次危機不應牽連到縣長，由我一肩扛起。同時，針對活動流程中的疏失，我認為「錯了就錯了，不用再硬拗」，一定要道歉。於是，啟動危機處理，親自前往學校與校長會面。首先確認是否有學生因淋雨而身體不適，校方回應，並未有學生請病假。我知道媒體會報導此事，所以沒有選擇逃避，反而請同仁拍下我公開致歉的照片與影片，將第一手資料主動提供給媒體。我的聲明如下：

1. 首先，義民祭演出，文化局未即時提供學生雨衣，向學生和家長以及校方表達最深的歉意。

2. 文化局此次在流程，確實有疏失，我們會深刻檢討改進，再度表達歉意。

3. 也對當天在風雨中，繼續完成表演的學生，表達謝意。

公關危機處理全攻略

在我道歉後，整起事件成為「一日新聞」，未再生起任何波瀾。如果將整個事件處理過程，套用在公關危機處理公式，可精簡為以下幾個步驟：

1. **了解問題**：學生到臉書社團爆料，指稱他們參加義民祭的表演活動，主辦單位未提供雨衣和避雨場所，讓他們淋了四小時雨，衣服濕到下襬都可擰出水來，批評主辦單位沒有給他們應有的尊重。

2. **分析問題**：學生指控在活動中淋雨四小時，認為主辦單位危機應變能力不足。

3. **誰提出問題**：問題由學生提出，並經由媒體擴大報導。

4. **定義問題**：主辦單位確實有缺失，該道歉就道歉，並予以檢討改進，立刻止血。

5. **採取行動**：親自前往學校致歉，並關心學生狀況，表達願意承擔和負責任的態度。

6. **掌握時效對媒體溝通**：我主動向媒體提供道歉影片和新聞稿，目的是平衡報導，承認活動疏失，向校方和學生表達歉意，感謝當時媒體的即時平衡報導。

7. **檢討改進**：這起事件提醒文化局在每次舉辦活動時，要做好周全準備，特別是雨備方案。危機就是轉機，之後舉辦的活動皆順利完成，沒有再出現爭議。

當然，遇到這件事情，我也立刻啟動新聞媒體的危機處理機制。我主動致電媒體，解釋活動確實有疏忽。雖然不可能要求媒體不報導，但至少可以爭取平衡報導，與記者直接溝通，有時能讓他們寫稿更準確。如果是熟識的記者，報導也許可輕輕放下，甚至減少播出次數。如果媒體少報導一次，就像天上掉下來的禮物。我記得，當時與一位媒體高層溝通，他豪邁地告訴我，在他擔任主播的時段，一定不會播出這則新聞，真的很令我感動。

整起事件確實影響了新竹縣政府和文化局的形象，因此，我第一時間負荊請罪向當時的邱鏡淳縣長道歉，並且表示我願意「辭職下台以示負責」，以免這把火繼續延燒。但邱縣長認為，雖然活動有瑕疵，但還不至於需要請辭下台，因此並未准辭。我非常感謝邱縣長的信任，隨後，我也在縣府主管會報上三鞠躬道歉，表達對義民祭活動造成縣府形象受損的歉意。畢竟，義民祭活動不是只有文化局同仁主辦，還有交通、接待貴賓和媒體等事宜，需要其他局處的協助，才能順利完成。現在出包了，當然要向其他局處首長表達歉意。

> ### 🔋 能量站
>
> 不要害怕負面新聞，不可能天天都是正面新聞。關鍵在於遇到負面新聞時，切忌讓負面新聞如野火燒不盡，持續發酵蔓延，將危機降低到最小。誠實面對，才是解決問題的上策。

將危機處理納入企業文化，
培養全員危機意識

任何企業或機構都不希望遇到危機，但危機也許就出現在下一秒，重點在於如何因應。我認為，企業文化面對公關危機的態度非常重要，也就是領導者對公關危機的授權和信任。遇到危機時，公關必須了解問題、分析問題，在此過程中，必須收集各單位意見，扮演像柯南一樣的角色，拆解問題、定義問題。如果各單位各自為政，隱瞞資料，不願提供準確訊息，甚至對外發布錯誤聲明，不僅會失去民眾信任，還會損害企業形象。

因此，組織應建立公關危機處理流程，並加以演練，能在新聞媒體報導天災、重大災害或突發意外時，迅速啟動有效的應對機制，以維護企業或機構的正面形象，降低負面新聞的擴大效應，面對顧客或媒體時，應秉持「不迴避、不矇蔽」的原則。如何讓員工具備預防危機的意識，必須深植於企業文化，讓大家了解危機意識的重要性，並知道當真正的危機發生時，該處理的步驟。

我曾遇過一位非常有危機意識的護理長，當他發現病患對醫療處置有意見時，立刻通報公關部門。我接到訊息後，先和護理長了解狀況，再去處理病患的問題。建議一定要在充分了解狀況後，再站上第一線，才能在面對病患和家屬的不滿時，好好說明。初步了

解醫療處置後，我馬上和同仁一起前往關心，傾聽他們的意見，在了解問題、分析問題，並定義問題後，發現確實有需要改善的空間，向病患承諾院方會負起責任。病患出院後，院方持續關切進度，家屬沒有再提出任何意見，整件事情就此結案。

這個案例的重要性在於，護理長作為危機的「吹哨者」，即時通報可能發生的危機，讓公關能迅速介入。如果當時他忽略病患的不滿情緒，危機很可能會爆發，進而對院方造成重大影響。

危機中的媒體應對策略

處理公關危機時，發言人是面對媒體的窗口，我建議發言人應具備以下條件：

1. 雖不必是俊男美女，但須擁有良好的外在專業形象。

2. 口齒清晰，咬字清楚，注意服裝儀態與肢體動作。如果遇到災難或負面新聞，切忌嘻笑、濃妝豔抹或穿著大紅衣服現身，會引發不良觀感，降低信任度。

3. 發言有條理，傳達三個重點或結論，讓媒體抓住重點。

4. 發言時，掌握新聞點，最好也能設計標題，方便媒體引用。

5. 最好具備媒體背景，了解媒體運作。

6. 和媒體保持友好關係，平時是好朋友，但工作時必須公事公辦。關鍵時刻，新聞該報還是會報，但下筆也許輕重有所調整。

7. 必須精準掌握老闆的意志，才能對外精確發言。

8. 老闆要充分信任和授權發言人，這點我認為是最重要的。針對媒體的爭議新聞，我一定先擬好發言稿，請老闆確認後再對外答覆。另外，不須經過層層關卡，直接和老闆溝通，才能快狠準地回應媒體。

9. 為老闆擋子彈，正面新聞要讓老闆搶盡鎂光燈焦點，負面新聞則由幕僚站上火線。

10.必須保持 7-11 的待命狀態，手機永遠不能關，因為不知道新聞何時會從天上掉下來。

⚡ **能量站**

領導者有責任將公關危機處理納入企業文化，培養員工的危機意識，即時發現並通報潛在危機，交由專業團隊快速化解危機。

憤怒的顧客，最後留下五星好評，
讓公關危機逆轉勝

即使可以透過演練，培養同仁的危機意識，了解如何因應，但「莫非定律」和「乳酪理論」提醒我們，危機總會出現，意外總會發生。那麼，當危機來臨時，如何將大事化小、小事化無呢？

1. **危機預防**：最好能在危機發生前就「拆彈」。不要輕忽抱怨或客訴，認為對方是「奧客」，因為這些問題有可能星火燎原，產生蝴蝶效應。

2. **立即反應**：當危機發生時，立即召開小組，調查事情真相，定調事件。如果確實有錯誤，應該誠懇道歉，不要硬拗。

3. **改善方案**：道歉之後，民眾想知道的是如何檢討改善，讓類似事件不再發生。

4. **準備聲明**：當知道某個事件可能引爆危機時，應提前準備聲明稿，一旦媒體詢問，同步表達立場，提供平衡報導，避免不實消息愈滾愈大。

5. **態度決定一切**：誠懇的態度決定危機是否繼續延燒。

真相只有一個

　　這天，我注意到同仁的臉色愈來愈沉重，電話那一頭的聲音聽來「火冒三丈」。雖然整件事和同仁絲毫無關，但他必須「概括承受」。事情的起因是民眾申請某份文件，與「A 單位」確認時，被告知文件已經寄出，但致電政府單位卻表示「還沒收到」。於是同仁扮演起柯南，開始抽絲剝繭，調查問題的根源在哪裡。

　　同仁親自致電給收件的政府單位，得到的結局超展開，竟然是因為「A 單位」少蓋了一個章，導致民眾的申請被退件，但「A 單位」卻沒有處理退件，導致申請案石沉大海。看到他獨自面對「槍林彈雨」，我也一起「帶鋼盔」啟動救援任務。了解問題、分析問題，並定義問題，確定是 A 單位的疏忽。於是，我致電 A 單位主管，卻發現他們無法立即處理，我警覺到事情不能再拖下去，補蓋印章，便和同仁帶著被退的文件，開車到公家單位親自辦理，並向客訴者致歉，告知目前進度，化解一場風暴。

　　沒想到原本火冒三丈的客訴者，竟然在 Google 評論給了「五顆星」，肯定同仁的效率和同理心。這件事讓我們學到的是：

1. 接到民眾陳情，當機立斷調查事實真相。

2. 確定問題，該道歉就道歉，立刻處理問題、解決問題，掌握時效。

3. 這件客訴不是冰山一角，必須檢討改進，避免類似事件再次發生。

4. 積極處理贏得顧客肯定**，快狠準的態度不僅能解決問題，還能讓顧客反過來讚賞。**

5. 發現屬下無法獨力解決問題，務必適時救援。

顧客用餐出現「小強」，餐廳主管化危機為轉機

在某次用餐時，正當自己沉浸在「能吃能睡就是福」的幸福感中，突然發生了「插曲」——小強出現了。餐廳員工馬上致歉，結帳時，主管按照 SOP 詢問：「今天的餐點如何？用餐滿意嗎？」我很自然地回應「有插曲」，主管馬上靈機一動，將餐點打了 95 折，我當然沒再追究，也學到餐廳的危機處理技巧。

某天，去另一家很夯的餐廳吃飯，朋友的餐點陸續上桌，唯獨我的無聲無息。第一次詢問服務人員時，得到的回答是「再等一下」。然而，愈等愈離奇，肚子早已餓扁，朋友也快用餐完畢。於是我拿著單子到櫃台確認，結果得知「廚房沒看到單子，根本就沒做」。此時一把火冒上來，櫃台人員馬上道歉並立刻製作餐點。

就在我氣頭上，主管又送來鬆餅表達歉意，服務人員送餐時也

再度道歉，最後我們打包離開時，主管又再次致歉。面對他們的誠意，我的怒氣也漸漸消退，回應了一句「謝謝。」態度誠懇打動人心，最終我還是這家餐廳的常客。這就是危機管理的成功範例，將危機化為轉機。

　　這兩次經驗讓我明白：

1. 仔細聆聽客戶的抱怨，切勿輕視。

2. 有疏失，當下承認，勿硬拗。

3. 立馬致歉，誠懇面對。

4. 適度補償金錢或小禮物，讓顧客開心一點。

5. 檢討流程，避免再犯。

　　當然，我認為消費者也要主動出擊，表達權益。如果我再傻傻等下去，永遠等不到豐盛的晚餐。我認為理直不見得要氣壯，只要對方接收到訊息，理解問題的嚴重性，便無須再窮追猛打。

⚡ 能量站

態度決定一切，耐心傾聽、積極處理，讓抱怨者感覺意見被重視、問題被解決。誠懇積極的態度能化解危機，避免繼續延燒，反而可以逆轉勝。

Chapter 6　快樂力

掌握幸福鑰匙，
健康是第一支柱

除了健康，
其他都是芝麻綠豆小事

　　這麼神準，命運到底要告訴我什麼呢？50 歲生日當天，突然膀胱炎發作，緊急掛急診，痛得像經歷滿清十大酷刑。51 歲生日前，又因為吃大餐，可能吃得太快，魚刺竟然刺到舌頭，導致破皮潰瘍，診斷為舌咽神經發炎，吃東西像被電到一樣，幾乎無法進食。52 歲生日前，生了一場持續三天的病，甚至取消幾場重要的慶生活動。

從病痛中得到的生日禮物，也是人生領悟

　　50 歲生日得了膀胱炎，痛不欲生，印象深刻，「51 歲生日禮物」一樣令我永生難忘。生日前夕，在晚宴上，我突然感覺牙齒好像在流血，當時不以為意。回家後，舌頭開始疼痛，延伸至耳朵，最後波及喉嚨。醫師檢查後發現，我的左舌側邊及舌根深處破皮潰瘍，並引發舌咽神經發炎，造成舌頭、耳朵和喉嚨三處疼痛不已。回想當天晚宴吃了魚肉，應該是用餐時不慎刺傷舌頭所造成的。幸好經過塗藥和口服藥物治療，症狀明顯改善，我也恢復正常飲食。這次痛苦的經驗讓我學會，吃有刺的東西或咬骨頭時，

一定要細嚼慢嚥，不要搶快，否則可能因為舌頭破皮造成潰瘍，進而引發舌咽神經發炎。

真的是太神奇了，52 歲生日前夕，我又突然生了一場病，原以為只是感冒，沒想到卻病了三天，甚至兩場慶生活動因此取消。更令人懊惱的是，我人生中很重要的一場活動，也因為這場病而被迫喊卡。為什麼無法掌控自己的人生？為什麼人這麼渺小，永遠不知道下一步會發生什麼事？有時候我甚至懷疑，與別人約好的事能否如期赴約，因為「世事實在太多變化了。」

回想這次感冒三天的原因，無非是愛美和偷懶。明知氣象預報寒流來襲，氣溫僅有 10 度，我卻為了拍美照而穿得少，又覺得大外套太笨重，心想忍一下就過去了，沒想到真的中了「風寒」，而且還有些嚴重。因此，**每件事情的發生都有其意義**。這次感冒教會我，千萬不要因為懶惰而少穿衣服，也不要為了拍美照犧牲健康。

與其擔心害怕，不知道明天會發生什麼事，不如好好照顧自己的身體，減少意外。如果真的遇到意外，也只能「轉念」，改變看待事件的角度，就會產生不同的結果。

人生最大的財富：健康

記得某天，開會前莫名感到不適，毫無徵兆地坐立難安，躺也不是坐也不是，那種痛苦比生小孩還劇烈，痛到讓人想「不告而別。」一開始掛急診，自訴以為是胃食道逆流，結果沒有對症下藥，經過難熬的一夜，發現應該不是胃食道逆流。於是上網查詢，猜測可能是賀爾蒙失調，所以忍住百般痛苦，自己騎摩托車去看婦產科，打了賀爾蒙針，卻依然沒有緩解。由於當天很炎熱，我以為可能中暑，好心的婆婆用他的獨門祕方幫我刮痧，結果還是沒有改善。

最後，在絕望下，又到醫院急診。非常感謝急診室主任游俊豪，再度檢視我的抽血、X 光和心電圖報告，逐一排除可能的病兆。最後，他診斷我可能是自律神經失調，為我注射鎮定劑之類的藥物。他形容我的病症「就像電腦一樣，需要停機一下，再重新開機。」果然，打完針之後，休息一天，我終於恢復正常了。感謝游俊豪主任，他真的是我的救命恩人，感謝他和醫療團隊找到病因，讓我度過這場生死痛苦。

還有一次慘痛的經驗，只是吃個麻辣鍋，卻引發嚴重的胃食道逆流。感冒加上胃食道逆流的雙重攻擊，讓我火燒喉嚨十天十夜，吃藥、打點滴，竟然沒有明顯改善，我開始懷疑人生。不是才剛做完健康檢查，還算是健康寶寶，到底怎麼了？人生跑馬燈突然開始亂跑。

「為什麼？為什麼我這麼努力養生運動，還會感冒？」每週定期做瑜伽、游泳，為什麼還會重感冒？感冒期間，剛好有一天要和護理師線上分享「建立護理師的品牌形象」，在幾乎失聲的情況下，硬是撐完一個小時，但體力和聲音讓整場演講的效果大打折扣，只能向聽講的護理師和主辦單位致歉。失聲期間，我還有一場重要的錄音節目，一度想取消，但由於醫師行程難約，只好硬著頭皮上陣，帶著濃重鼻音和失聲完成錄音。幸好錄音師很厲害，處理後的效果，讓人完全聽不出我感冒失聲的狀況。

這次感冒失聲，讓我學會一定要好好保養喉嚨，從此與麻辣鍋說掰掰。當然，還是要持續運動，並且更加努力累積健康資本，一旦面對疾病，才有本錢對抗。說真的，這次感冒持續十天，過程中難免有「抱怨」，但我還是告訴自己，至少不是重大疾病，一切都會過去。

只是吃個麻辣鍋，卻付出如此慘痛的代價。很多平日在意的事，都變得不再重要。有黑斑，沒關係，健康最重要；有小腹，沒關係，健康最重要。**真心覺得人生無常，世事多變化，根本不知道下一秒會發生什麼事，所以更要好好享受當下。只有歷經生死交關，才深刻體會到，只有失去健康，才知道除了健康，其他的事情都是芝麻綠豆小事。忙和累，其實是一件幸福的事情，所以不要再抱怨了。只要健康，能幫助別人，就是一種幸福。**

⚡ 能量站

歷經生死交關，浴火重生，才能體會到「健康，真好」。除了健康，其他都是芝麻綠豆小事。真的，無病無痛，日常就是幸福。每天早晨醒來，沒有任何病痛，就該心存感激。如果再有不滿或想抱怨的時候，就去醫院走一趟。

千萬講師 - 極限賽局謝文憲

第一次耳聞企業千萬講師謝文憲，是在環宇廣播電台的節目《極憲彤鄉會》，當時覺得這位主持人超有自信，講話鏗鏘有力。後來，我參加了大大讀書會，每次聽憲哥導讀，都含金量滿滿，內容豐富。拆解這位講師的導讀功力，真的只能用「太厲害」來形容。當然，我也成為憲哥的粉絲。

從光芒到利他，千萬講師的人生哲學

因緣際會，我有幸應邀出席億安診所林家億院長舉辦的憲哥《極限賽局》新書分享會，終於有機會一睹「偶像」暨「愛豆」千萬講師謝文憲的風采。原本以為千萬講師應該會有些「大牌」的架子吧，沒想到，林家億院長引薦我和憲哥認識時，憲哥非常親民，一點也不大牌。當我提出希望能和偶像拍照的要求時，憲哥也來者不拒，讓人見識到這位千萬講師謙卑的一面。

台下的謝文憲親切謙卑，台上的謝文憲熱情活力，橫掃全場，故事精采，笑聲不斷。他分享了五大心法——找到優勢、賦予動力、創造連結、走出低谷、看見使命，而且金句連連。他說：「**找到優勢，**

刻意練習天賦，讓他變成專業」、「與其更好，不如不同」、「**Just do it**」、「人生有限，不要浪費時間在不值得的事」。其中，我對他「與其更好，不如不同」這句話非常有感。我也認為，每個人應該找到自己的競爭優勢，打造獨一無二的品牌，在任何處境下，善用競爭優勢，都可以閃閃發光。

第二次和憲哥相遇，是在「斯文的人客」活動。原以為台上閃閃發光的憲哥，只會分享成功的光環，沒想到他卻毫不吝惜地分享了低潮經歷：先後被診斷出攝護腺癌、手傷腰傷，投資電影失敗，以及弟弟生病，最大的打擊則是父親因胰臟癌離世。讓他領悟到健康的重要，於是開始調整腳步，樂於看見別人成功，從一位光芒四射的千萬講師 Taker，變成一位幫助他人成功的 Giver，展現利他精神。憲哥的金句：**「你的舉手之勞，卻是別人的無能為力」、「在低谷時看見自己，在高峰時看見他人」**，令人深感共鳴。

第三次和憲哥見面，是在《內在成就》作者愛瑞克分享會。我找憲哥拍照，剛好前幾天我在臉書發文，提到自己生了十天的病，沒想到，憲哥竟然注意到了，還主動關心我「身體有沒有好一點」。真的太令我驚訝，憲哥的粉絲那麼多、資訊量這麼大，竟然會記得其中一位粉絲的狀況。這場演講一樣震撼，也激勵我們每一個人，尤其是他說的那句：「明年此時，你會不會站上台」？這句話深深打動了我。明年此時，我希望自己出書後，有機會站上台和憲哥同台分享。

第四次和憲哥見面，是在醫院等待手術的過程。我向他請教製

作短影音遇到的困境，對自己的「定位」還不確定，對製作也不太熟悉……憲哥除了分享他的短影音經驗，還送我幾句話：**「人生準備40％，就先衝」**、**「不要在意有沒有人看，不要去管幾個讚，做，就對了，先開始再說」**。他還立馬幫我想了 IG 的定位名稱，因為我的名字是張宜「真」，他建議用「真正有意思」，再畫上一隻魷魚，讓這個名字更有故事性，果然創意十足。憲哥的話總是充滿「煽動力」，在請教他之後，果然讓我衝力十足。因為他的激勵，我就衝了，也開始學習憲哥短影音的風格，展現自信、微笑、熱情，並保持樂觀、正能量、謙卑、親切和利他精神。

憲哥在他的臉書上，也毫不保留地表達感謝，他寫下：

謝謝很多朋友幫忙與祝福（還有拜託媽祖的），容我當面再致謝，我要特別謝謝張聰麒，我是今天才知道他結束手術後要立刻從新竹趕回 101 大樓，謝謝他在第一時間給我最穩定的力量，我今天還跟宜真講到我跟聰麒 2013 年 6 月第一次見面的好笑故事。

謝謝 郭于誠 張宜真 兩位的幫忙，在休息區打屁聊天就度過手術的等待時間，我很不好意思麻煩朋友，我覺得應該把資源留給比我更需要的人，加上家人希望返家休養，明天另行門診，我想，一切都是老天的安排。

還是那句老話：「你的舉手之勞，我的無能為力。」

謙卑面對人生，善待你能善待的每個人，謝謝您們。

以後若有機會報答，指導演講技術或是任何課程回饋時，我也

會「出重手、出真拳」報答大家對我的《大力支持》就是了。

你們以後需要我，就來找我。

⚡ **能量站**

接近正能量的人，才會讓自己擁有源源不絕的正能量。謝文憲走出低谷，爬升到人生的巔峰，靠的是什麼？他懂得善用自己的競爭優勢，以利他之心幫助別人，不僅喜歡看見別人成功，更成為別人生命中的一道光。

微笑熱情樂觀－吳家德總經理

　　跟 NU PASTA 總經理吳家德認識，只能用一句話來形容：「傑克，這真是太神奇了」！

　　我原先不認識他，他也不認識我，卻有機會在我主持的亞太電台節目《宜真醫週報》專訪他。有一天，我在環宇電台謝文憲的節目中，聽到他行銷新書《不是我人脈廣，只是我對人好》。從他的聲音中，就覺得他充滿熱情、充滿希望，非常樂觀，讓人很想要認識他。

　　那次廣播中，吳家德總經理教了一個祕訣：「拓展人脈，從加臉書開始」。我決定試試看，看吳總講的是不是「唬爛」。於是我就去加他臉書，並私訊留言，結果，他沒有回覆制式的「貼圖」，而是「客製化」地回應我：「或許是從今天早上聽廣播，我們才產生緣分的連結」。就這樣，一場奇妙的驚奇之旅開始了。

快樂的三把鑰匙

　　我開始成為吳家德總經理臉書的粉絲，拜讀他每天發揮「原子習慣」的發文。有一天，我鼓起勇氣邀請他來接受《宜真醫週報》專訪，我想他在外縣市，不太可能專程來新竹。而且，我也不是

大咖主持人，抱著可能被拒絕的勇氣，但仍發揮記者精神，勇敢地提出邀約。沒想到，他竟然秒回訊息，馬上答應，專程搭高鐵來新竹，真的是太令人感動了。

在訪談中，吳家德總經理分享快樂的三把鑰匙：1. 利他，幫助別人是幸福的。2. 夢想，有夢最美。3. 凡事感恩，樂在行善。訪談結束後，他送我《不是我人脈廣，只是我對人好》這本書，隨手拿出簽名筆，寫下「人脈利他」四個字勉勵我。

有了這次訪談的奇妙經驗，我連續兩年邀請他來醫院分享正能量。他的簡報力超強，總是透過幾張照片，加上故事力，讓整場演講充滿熱情、微笑與樂觀。

在邀約過程中，我有點俗氣地問了他的演講價碼，並提醒醫院預算有限。他非常阿莎力地回答：「以你們的預算即可，多少錢都不是問題」。他還說，來醫院演講是為了做公益，真心交朋友。有了醫師朋友，他自己有疑難雜症，可以隨時請益，更重要的是，有了醫師朋友，他可以幫助更多人。

舉辦這場演講時，恰逢吳家德總經理的另一本新書《生活是一場熱情的遊戲》發表，我馬上拿出剛買到的新書，請他簽名，他寫下「用心生活」四個字。書中令我特別有感的文章是〈你快樂嗎？〉他認為**「人生除了活不下去，否則都應該要快樂」，他說快樂可以練習，學習不抱怨、看遠不看近，並且多讚美與感恩。**

另外一篇特別有感的是**〈樂觀是一項競爭優勢〉**，吳家德總經理提出練習樂觀的方案，鼓勵大家用更寬廣的心胸看待世界與自

己，沒有什麼事不能解決，擔憂也無濟於事，多結交正面積極的朋友，接近正能量，遠離負能量，每天寫感恩日記或快樂日記，感謝三個人，就會愈來愈樂觀。

展現利他精神，幫助別人圓夢

在醫院演講前的閒聊中，我完全感受到他的正能量，就像從書本跑出來的作者，和我對話人生哲學。我與吳家德總經理提到，他是我的「愛豆」，而我也有出書的夢想。他問我：「想出什麼樣的書」？我說：「我的專長是媒體新聞行銷和危機處理，想出有關職場溝通的書籍。」他說可以引薦出版社，也可以幫我寫序。只見他在腦海中盤點出版社，建議某家出版社應該比較適合我。我想，這件事只能等待緣分，沒想到當天晚上 10 點半左右，吳家德總經理就傳來訊息，告知他已和出版社的副總編輯溝通，還要我加對方臉書，細節再談。真的非常感謝行動派的吳家德總經理無私利他的幫助。

就這樣，憑藉吳家德總經理的引薦，我和出版社副總編輯聊了出書的想法，出版社觀察到我和吳家德總經理一樣「熱情有活力」，希望打造我為「女版吳家德」。真的非常感謝吳家德總經理的幫忙引薦，他堪稱是全台灣最熱情的男人，就像《極限賽局》作者謝文憲說的：「你的舉手之勞，是別人的無能為力」。他始終帶著快樂的三把鑰匙，做利他的事情，樂在行善，幫助別人完成夢想。

利他就是利己，熱情引爆感動

兩年前，因為環宇廣播，第一次聽到「吳家德」這個名字，從此開啟了我們之間的友誼。兩年後，竟然又在環宇廣播電台《極憲彤鄉會》，聽到吳家德花了一分鐘，介紹我和他的相識過程，「人脈，從加臉書開始」，展現他對朋友的熱情。他提到我是「中國醫藥大學新竹附設醫院執行長」張宜真，讓人非常感動，我成了「吳家德」故事中的人物。就像他一直倡議的「利他」精神，很大器地幫朋友宣傳行銷。

記得參加「斯文的人客」活動時，350 人遠從各地而來，冒雨頂 10 度低溫，還要繳 1000 元入場費，只為參加這場盛會。五位暢銷作家，包括《極限賽局》作者謝文憲、《生活是熱情的一場遊戲》作者吳家德、《內在成就》作者愛瑞克、《要有一個人》作者楊斯棓，以及《不假裝，也能閃閃發光》作者張瀞仁，同時聚在一起。除了能和偶像簽書拍照，還獲得含金量滿滿的人生哲學，學習到作家們的熱情、樂觀、利他、簡報力、溝通力、幽默力與親和力。

活動中最勁爆的橋段，是愛瑞克請「曾經被吳家德幫助過的人站出來」。短短 30 秒，台上站了至少 30 人，謝文憲當場說：「要讓聽眾屁股離開椅子，非常不容易」。更何況要在公開場合，讓人自願站出來，需要多大的勇氣和感動。當時我毫無懸念地移動屁股站上台，因為吳家德的確無私幫助過我。

我想，2024 年 3 月 2 日這一天，將會是吳家德總經理永生難

忘的時刻。這麼多人因為他的幫助，站出來感謝他。他的這一生，應該也值得了。

能量站

一定要找標竿學習對象，生活中遇到挫折時，聽他們演講，看他們臉書，讀他們的書，感受他們對生命的樂觀熱情，就能夠走出低潮。

致富覺察・人生成為 - 郝聲音郝旭烈

第一次認識暢銷作家、Podcast《郝聲音》主持人郝旭烈，是在收聽廣播節目《極憲彤鄉會》時，他當時談到「專案管理：玩場從不確定到確定的遊戲」。郝哥擅長出口成章，金句連發，讓人印象深刻。他的管理祕訣包含：管理者要時常微笑、讚美，講白話，做，就對了，讓別人被看見，不會就去學，不懂就去搞懂，以及利他，他還說：「不做，想一輩子。做了，講一輩子」。聽完之後，我非常有感，收穫滿滿，當然也就成為《郝聲音》的粉絲，也買了郝哥的線上課程。

郝哥出版新書《致富覺察》，我自然要捧場購買、躬逢其盛。得知郝哥將出席某場分享會，我就帶著新書要請郝哥簽名。第一次見到郝哥，是在分享會的入口，剛好與他迎面相遇。雖然郝哥不認識我，但他依然露出迷人的微笑，對我以及每位經過他身邊的人都說「您好」。哇！暢銷作家怎麼這麼平易近人、這麼親切，顛覆我的想像。

分享會後，我當然抓住機會請郝哥在《致富覺察》上簽名和拍照。他簽下「平安順心」，我趁機自我介紹，表示自己是他的粉絲，也是《郝聲音》忠實聽眾。之後，我將合照分享到臉書，提到希望有一天出書後能上《郝聲音》。沒想到，郝哥執行力超強，竟然馬

上回應沒問題，還沒等我出書，我們已透過臉書約定時間，實在太令人興奮和驚喜，一位才見過一次面的粉絲，郝哥竟然如此慷慨，願意幫我美夢成真。

但是，愈期待就愈容易失望，莫非定律竟然發生，事與願違。

溫柔郝聲音，傳遞正能量

原本懷著緊張、忐忑又超級無敵興奮的心情，準備錄製《郝聲音》，卻在進入訪談視訊時，不知道為什麼，我們彼此無法聽到對方的聲音，無論怎麼調整設備，像是「乳酪理論」般，不知道哪個環節出錯了。總之，折騰了約莫 20 分鐘，郝哥體恤我已經「驚慌失措」，我也不好意思浪費郝哥時間，只能遺憾地說今天無法進行，只好取消這次錄製。

我帶著沮喪和懊惱的心情說：「我可以上台北錄音，可能比較保險」。郝哥馬上回應：「好，我們再約」。我想這應該只是場面話，大概沒有下一次了，「沒有下一次，也是剛剛好而已」。我再次跟郝哥表達歉意，說自己造成了困擾，沒想到郝哥竟然回我：「哪會困擾，不會困擾」。而且立刻給我兩個選擇錄音的時間，還不是

一個，是兩個！我真是驚喜若狂，立馬答應，就算沒時間，也要生時間。於是，在郝哥快狠準的執行力下，我們很快敲定實體見面錄音的時間。整起事件讓我見識到：

1. **超級大咖的謙卑和高度**：對於我這個「小咖」的「凸槌」，郝哥沒有責難，而是耐心等候我處理緊急狀況。整個過程中，他不僅沒有表現任何不耐煩，還微笑著緩解氣氛，展現紳士優雅的風度和臨危不亂的態度。

2. **溫柔的同理心**：視訊錄音無法達成，改成見面錄音，我開玩笑說：「一切都是最好的安排」。我賺到一次和郝哥見面的機會，他則回應：「注定要見面，這是我的榮幸」。

3. **正能量的傳遞**：我真心感謝郝哥的正能量，覺得他是我的貴人，結果他反過來說：「您才是老哥的貴人，願意遠道而來，豐富《郝聲音》，非常感恩」。

4. **利他精神**：郝哥不吝惜在他的臉書分享我的紛絲團，幫我打廣告，推廣《醫起 GO 健康》和《宜真醫週報》。

賺錢與花錢的平衡哲學

我也製作短影音，分享郝哥在《致富覺察》第33頁中的一句話：「賺錢就是為了花錢，花錢也能為了賺錢」。錢，就是拿來花的啊！賺錢不花，幹嘛賺錢？應該即時行樂，享受當下。我對錢的看法是：

1. 歷經生病苦痛，錢，只要在緊急時夠用就好。

2. 除了有固定收入，還要有一定的比例投資，如基金、股票或 ETF 等，這樣才能有被動收入，「睡覺也能賺錢」。我不懂投資，所以都找銀行理專協助。

3. 除了節流，偶爾也要找機會開源。在朋友引薦下，我也受邀分享醫療行銷、品牌經營、公關危機處理等，每一次演講都毫無保留地傳授武功祕笈。

4. 投資自己，我對自媒體、行銷、品牌、危機處理、溝通力、AI 等領域有興趣，就買書、上線上課程或去清大上課，不斷學習創新。

5. **賺錢，是為了享受，買了開心最重要。買了會後悔，不買更後悔！所以，好好賺錢，好好花錢。**

6. **健康最重要，賺再多錢，沒健康，永遠是 0。**

⚡ **能量站**

謝謝郝哥教我的三杯「察」，覺察、觀察和洞察。
親切待人、利他和成就他人。

癌症患者，失敗翻轉師 - 張念慈

剛認識念慈時，我是新竹縣政府機要祕書，他是《聯合報》主跑新竹市的記者。某天，我到新竹市的辦公室，拜訪他的特派長官，剛好看到他。其實當時久仰他的大名，但畢竟他主跑新竹市新聞，所以我也沒有特別打招呼，他應該有瞄到我，也沒主動問候，就這樣，我們的初體驗「相敬如冰」。

過了一陣子，得知他榮升為《聯合報》特派，我身為縣長的機要祕書，負責媒體聯繫，自然需要跟他「拜碼頭」。不過，有人私下提醒我，他在爭取新聞獨家時過於積極，還有些人說他個性較為強勢。於是，我對他有點戒慎恐懼，保持距離。

誤解化為默契，友情中的相知相惜

然而，在一場縣長出訪的活動，我和他同寢，晚上彼此「坦誠以對」，他跟我「客訴」，說當年他還是記者時，覺得我身為機要祕書不太理睬他，所以他也不願接近我，甚至覺得我很高傲。天啊！這是多大的誤會。我也向他坦白，當時因為聽說他不好相處，我才不敢靠近。結果發現，這一切都是因為別人的搧風點火，點燃我們對彼此的成見，差一點讓我和這位好閨密失之交臂。

之後，我們成了好朋友，在彼此的戰場上各自努力。每當縣長有重大新聞發布，我請他盡量幫忙衝版面，雙方默契十足。當我升任文化局長，他幫我下了一個超級厲害的標題：「竹北林志玲，成新竹縣文化局長」，從此「竹北林志玲」這個名號成為我的品牌。而在我隨著新竹縣長邱鏡淳卸任離開縣府後，念慈也陷入工作低潮。職場的殘酷讓他決定回歸家庭，轉換跑道，擔任小編，從一個被眾人捧在手掌心的區特派，轉變為幕後工作者，就像我當年從螢光幕焦點的文化局長，轉為幕後的執行長，當中的冷暖他懂，我也懂。也因此，我們更加相知相惜，一起加油打氣。

當我離開縣政府時，他送我這段話：

有個女人，不管再忙，每個禮拜都要抽空去游泳。

他說，心煩事多，游完泳什麼事都放下了。

他絕對是花瓶。

但，是那種超堅硬材質、耐摔耐磨，冷熱皆可用，又美CP值又高的那種。

他能力好、外貌佳、脾氣雖然也不小，但就算罵人也是看起來甜甜溫柔的，所以人緣好，

這種花瓶，誰家裡擺了一個，整室都生輝，老天爺有多不公平，由此可見。

今年耶誕節，對他來說，可能有點冷，但又有些熱，就像游泳一樣，剛離開水和剛下水時都會好冷，但知道上岸後馬上有毛巾可包著取暖，心，就熱了。

游泳比得是氣長，一口氣沉下去，能游多遠，平常有沒有鍛鍊，騙不了人的。

游泳健將，下一場泳訓，你會游更好。

上岸後，我會幫你端熱茶，不讓你冷。

　　真的，他一直幫我端熱茶，用熱情鼓勵我，不讓我冷卻。

最美的支持，最棒的情誼

　　在他擁有上萬粉絲的時候，還不吝惜以他銳利的文筆，在臉書上鼓勵我，他寫道：

認識宜真以來，一直都很羨慕他。家世背景好、長得漂亮、國外學歷。更重要的是，職場一路風風光光，備受寵愛。如果說，有人天生就是公主命，講的就是他。站在他身旁，我常不自覺成為女僕角色，所有焦點都在他身上。宜真在公部門任職時，新聞版面比老闆還多，老闆還很開心，完全不覺得功高震主。所有人對他說：「你就是漂亮像公主，老闆才會那麼喜歡你。」

後來，他卸下公職身分到民間機構任職。新的老闆完全授權讓他主持節目、照自己想法辦活動，依然耀眼。大家又對他說了：「你真的天生公主命，好羨慕你喔！」與其說是羨慕，不如說大家很嫉妒他。為什麼有人可以不用太努力，就擁有美貌、智慧、成就、美好家庭？後來，有幾次我們因公必須合作，我才發現我大錯特錯。主管要發表談話，他徹夜擬稿、對稿，模擬各式各樣可能的情景。會後，他一個一個跟媒體溝通重點、確認內容完整傳達。甚至，為不同媒體準備客製化的影音、廣播內容和照片。當主管必須做決定，他會找出各式各樣可能的解決方案、運用資源。自己消化吸收後，提供主管精準判斷。

他永遠戰戰兢兢，絕對站在老闆百步之前設想，把守護老闆和公司當作第一要務。最後，老闆甚至授權他，可以代表老闆身分對外發言，就知道有多受信任。為了不斷進步，他去考了第二個碩士，就算畢業後依然到校進修。甚至，他上了一堆線上課程、假日學做影音、拍照、簡報、注意力設計師——曾培祐的故事工作坊……

我終於懂了。

宜真看來輕輕鬆鬆，是因為他用盡全力，才能看來毫不費力。

他不是天生公主命，他是用所有努力，讓自己值得擁有如同公主一般的寵愛。

比我們厲害的人，都比我們還要努力。

無法天生公主命，只要願意往前奔跑，也可以讓自己活成公主命。

其實，念慈比我更認真學習，成功幫自己轉型。從一位新聞區特派開始學剪片，到現在剪出來的影片非常專業。過了一陣子，又發現他開始經營親子育兒的臉書專頁，粉絲團破萬，很多出版社開始找他寫推薦文，儼然成為知名網紅作家，知名度節節竄升，演講邀約不斷，成為名人，也代言不少產品。看著他每天都在進步，我只能望著他的車尾燈，每一次見面，他總是令人驚豔。

好閨密也是好導師，一起學習成長

有一天，他約我見面，我當然欣然答應。沒想到他一魚多吃，一邊享受豐盛的午餐，一邊幫我錄影，說是要練習剪片，製作「有肌勵」的影片，還找我當一日代言人。他幫我喬動作、設計表情，為求畫面精采，還要我補拍游泳和跳有氧的影片。只為了 3 秒鐘的畫面，我真的去跟姐姐借泳裝，請姊姊操刀，幫我拍游泳畫面，以及手腳不協調的有氧舞蹈。這部影片，他發揮創意，幫我定位為「醫界最美執行長」，分享我如何在工作和運動間取得平衡，也成了我一輩子的回憶。

我看著念慈不斷進步，也跟著他向上學習。我們一起上線上課程，但有時候我會偷懶，他成了我的老師和監督者。有一次他週末打電話來，我心想，應該是要約醫師上節目。沒想到，他劈頭就問：「你有沒有認真在上課？」我⋯⋯我一時語塞，天啊！竟然被「抓包」了。

原來我和念慈一起上剪片線上教學課，這天老師教的是 VN 剪輯軟體。天啊！對剪片幼稚班的我來說，根本是「鴨子聽雷」。想當然爾，我就「放空」了，心想那麼多學生，我沒交作業應該也不會被發現吧！所以，就決定「偷懶」，「默默溜走」。沒想到，糾察隊閨密竟然一眼看出我「心懷鬼胎」，馬上打電話來「追蹤」，關心我的進度，並且「嚴厲監督」我一定要完成作業。看在好友的關心上，我決定不能讓他失望。於是，晚上熬夜趕進度，但過程中遇到的困難讓我情緒爆發。「我每天工作已經很累，幹嘛還來上線上課？」「我是執行長，這種事交給屬下做就好了。」就在我「萬念俱灰」、「心力交瘁」時，閨密又打來盯進度，幫我解套教學。奇蹟似的，我竟然完成「幼稚班」的作品。

念慈教會我一件事：有時候卡住了，只要不放棄，堅持下去，「卡」就過去了，然後一切就順了。有這種陪你上進、嚴厲監督的閨密，真的是人生最幸福的事情。

讓我更佩服的是，念慈其實是一位癌症患者。他在健康檢查中被診斷出甲狀腺癌，且已擴散到淋巴，隨即接受手術切除甲狀腺，並進行淋巴廓清術。術後一個月，他就參加 9 公里的遠東馬拉松；罹癌一年後，還參加 2019 年新竹城市馬拉松 21 公里組。他沒有呼天搶地抱怨，反而非常鎮定、樂觀和勇敢。他把自己化療的辛苦過程，用影片和文章記錄下來，鼓勵癌友，並說出他的名言：**「還沒想要隨便死，就別放棄好好活。」**他的故事透過臉書和部落格傳播，希望能撫慰更多像他一樣的人，他說：**「相信自己一定會變好，就真的會很好！」**

在他的引薦之下，我也在《聯合報》「女子漾」成立專欄，原本只想寫一篇文章交差了事，沒想到他發揮影響力，把我的第一篇文章推到聯合新聞網首頁的「頭版頭」，與更多人分享「寵愛自己快樂五關鍵」。還有一篇我寫兒子打工卻被 Fire，但充滿感激的文章，他幫我下標為：「打工無預警被開除，孩子卻寫了這句話給老闆，媽媽驚呼：你真的長大了！」這篇文章也在他的助攻下，竟然有近六萬人點閱，甚至還讓我獲得一筆分潤。從「竹北林志玲」到「醫界最美執行長」，他總是能快狠準地幫我「精準下標」衝版面。

⚡ 能量站

Everything is possible。Never Say Never。念慈一直是我的學習標竿，看著他每天不斷學習、不斷進步，我也跟著一起向上成長。接近正能量的人，能讓你永遠微笑、樂觀、積極，繼續創新學習，預約更美好的自己，成為那個你想成為的人。

很會說故事的人 - 曾培祐老師

和曾培祐老師相識，是透過閨密張念慈介紹的。起因是他上了培祐老師的閱讀獲利線上讀書會，我在念慈的臉書上看到，他每週分享說書會的心得筆記，我跟著他的腳步參加讀書會，果然含金量滿滿。因為上課內容很充實，我問念慈：「可以邀請培祐老師來上我的廣播節目嗎？不過沒有車馬費、出席費喔。」念慈馬上聯繫培祐老師，老師一口答應，自己開車從台中來新竹上《宜真醫週報》。後來，老師還將此次專訪引用在他的線上教學招生宣傳中，讓我也與有榮焉。

自我介紹的創意與啟發

某天，培祐老師導讀一本書，內容描述「提問，是思考的起手式。」於是，老師拋出問題：「今年有什麼突破舒適圈的計畫？」我就在老師的臉書粉絲團留言：「我今年計劃出書，向培佑老師學習，分享自己在新聞媒體行銷和公關危機處理方面的武功祕笈。希望出書後，可以在公家機關、企業和學校演講。出書需要信念和堅持，因此，我要透過海馬迴，不斷提醒自己，將這個目標刻入長期記憶。」培祐老師馬上回應：「哇，太棒了！等您出書的時候，我一定要在群組好好介紹！」老師的課程永遠充滿正能量，沒有批評，只有鼓勵，適合激勵士氣。我也邀請他來我們醫院演講，**培祐老師教醫護「四分鐘超強溝通術」的刻意練習，肯定別人已經做的事，同時，真誠說出。肯定肯定再肯定，累積肯定的次數，創造善意溝通的量能。**

培佑老師教我「如何吸睛的自我介紹」。他強調，一見面就要讓客戶對你有畫面、有感覺。培祐老師舉了設計名片的例子，例如，有校長會在自我介紹時送「巧克力」，象徵「巧妙克服問題的能力」。有賣車銷售員送可樂，代表「快樂平安」。還有人送烏龜，表示「平安歸來」。而培祐老師則在自己的名片畫了一顆星星，他說，雖然星星無數，但他就像織女星和牛郎星，能幫助客戶被看見。受此啟發，我也設計了自己的名片：

- 角色：醫院公關。
- 使命：守護在地鄉親健康。
- 物品象徵：蘋果。希望大家平平安安，健康活力又美麗。

　　於是，我的新名片就這樣誕生了。除了附上我的照片，還有象徵平平安安的蘋果，非常吸睛。

意外點與行銷點，賦予生活故事新意義

　　有天，我正陷入粉專按讚數低迷的低潮，無意間重新聽了我和培祐老師的 Podcast，竟然找到了答案。培佑老師給了三個建議，首先從生活感覺中說故事，加入「意外點」和「行銷點」，賦予故事意義；最後，要找到自己的定位，對故事有清晰的想法。他舉例，如果只是提到在高速公路塞車，這故事並沒有意外點，但如果是在上班時間，遇到修馬路造成塞車，就有意外點。接下來，如何處理這個意外點呢？「是選擇抱怨？還是賦予意外意義？」培佑老師選擇融入自己的定位角色，他說，作為吸睛設計師，他選擇打開 Podcast，再分享從中學到什麼。結果，他沒有抱怨塞車，反而感謝

這個塞車的意外，讓他有機會聽到受益良多的 Podcast 節目。

這樣的故事層次，是不是充滿轉折？培佑老師透過故事力的意外點和行銷點，加上角色定位，賦予故事意義，讓文章更具吸睛力。

我將老師的觀點運用到自己的生活中。有一次，我去做腳指甲，卸甲時美甲師「下手太重」，痛得我反射式地把腳彈開，並告訴他「不太舒服」。沒想到，他竟然開始「嫌」我的腳很乾、指甲很敏感。我心想，你是專業的，我的指甲和我的腳不完美，你應該知道如何處理。或者你可以說：「不好意思，我調整一下。」或是建議我：「張小姐，你的腳很乾、指甲很敏感，可以買保養油來保養。」說真的，如果他這麼說，我的腦波超弱，一定會買單。

於是，我在臉書寫下這段話，謝謝美甲師教我的一課——永遠不要「嫌」你的顧客，因為你比他們更專業，應該先同理對方的感受，然後化危機為轉機。原本我應該會抱怨這段經歷，但我選擇賦予它新的意義，以及融入定位角色。感謝美甲師提醒自己，不要「嫌」你的顧客，就像我平常在處理客訴和醫療糾紛，不要認為都是「奧客」，先傾聽，再以同理心關切對方的需求。

⚡ 能量站

接近正能量的人，遠離負能量，避免內耗。學習標竿人物，模仿他們，成就自己，學習他們的人生哲學和生活態度，不斷斜槓，創造與他人的差異化競爭優勢。

學習感恩，
熱情興趣驅動生命

孩子 Ben 去打工，卻毫無預警被通知不用再來了。身為媽媽，我本應感到生氣和失望，但當看到孩子的反應時，我心中卻充滿感激。因為他懂得感恩，沒有抱怨，能夠接受挫折，並面對挫折。

「我被 Fire 了！」兒子說得很平靜，我卻能感受到他的委屈，便問：「怎麼了？」兒子把老闆傳來的訊息轉發給我，我看到他回覆老闆的訊息：「謝謝你給我工作機會。」看到這句話，我哽咽了。

孩子才打工三天，因為點錯單出現漏帳問題，老闆就通知他不用再來了。而孩子竟然回訊感謝老闆，這代表他真的長大了，懂得感恩，不抱怨。我好奇地問兒子，為什麼被老闆 Fire 掉，還要感謝他？一問之下，才知道，那天帶他去買滷味，順便去「面試」，我刻意跟老闆聊天，開口問：「有在徵人嗎？我兒子想打工，有機會嗎？」因為兒子經常光顧，老闆已經認識他，二話不說就錄取了。我當時不斷跟老闆說：「兒子沒有工作經驗，一切從零開始，麻煩再多教他，**謝謝給他工作機會**。」原來這些話，兒子都記在心裡，真正印證了「言教不如身教」。

是的，我們要心懷感恩。我在臉書寫下：

1. 感謝老闆，你才高一，完全沒有工作經驗，就讓你直接「上戰場」。

2. 感謝老闆，讓你學會點菜、結帳、打包、接電話、接訂單、備料、下廚。你將來的夢想是開一家餐廳，以上這些繁瑣的工作，都是你未來要學習的，恭喜你，提早學會了。

3. 感謝老闆，原本害羞內向的你，也可以「外向」跟顧客對話。

4. 感謝老闆，讓你提早了解自己的「競爭優勢」，也許財務管理並非你的專長。

5. 感謝老闆，讓你提早面對挫折。人生不如意的事，十常八九，遇到挫折，不要馬上低頭，要接受它、面對它、處理它。這次的關卡過了，下次遇到挫折，你將更有本錢去面對，每一次的痛苦，都將是你累積能力的養分。

6. 就算是大學生，試用期也有三個月，更何況你才高一，才工作第三天，人生中，誰不會犯錯？重點是，錯了就改，每天讓自己進步一點點。

7. 媽咪很擔心你無法面對挫敗，自信心被打擊。媽咪想告訴你，無論在工作或生活中，媽咪也曾經歷過低潮，但一切都會過去。相信你身上有我堅強的 DNA，一定可以關關難過關關過。

8. 你很幸福，擁有滿滿的愛，天天有人探班，為你加油打氣。所以，不論遇到任何挫折，我們都是你堅強的後盾。

9. 最後，要謝謝你自己。勇於挑戰自己，連續站立 5 個半小時，上洗手間還要跑到很遠的賣場，打工時間是 16:00 ～ 21:30，幾乎沒吃晚餐。第一天就燙傷，腳也很痠，還在悶熱高溫的環境下工作，媽咪根本做不下去，你卻可以堅持。

10. 媽咪希望你，繼續保有對廚藝的熱情和人性良善。第一份打工經驗或許並不盡如人意，但媽咪相信，「你盡力了」，這樣就很棒了，但求「問心無愧」。只能說無緣，「千里馬」總有一天會遇到「伯樂」。

尊重興趣，成就孩子的未來

慶幸的是，兒子並沒有被這次挫折打敗，很快便遇到「伯樂」——藝術家施雪紅老師。

我姐姐舉行「生活旅繪」畫展開幕，創意發想，請 Ben 製作手工餅乾作為伴手禮。Ben 花了將近 4 小時，精心製作造型可愛的巧克力、抹茶和原味餅乾，並用心包裝送給每位貴賓。在畫展開幕式上，我也努力推銷 Ben 的烘焙餅乾，竟意外促成藝術家施雪紅當場下單，訂購 Ben 的手工餅乾，帶到學校演講分享給學生。有了第一次的成功經驗，施雪紅老師二度捧場，再次下單。為了這筆訂單，爸比大手筆購買攪拌機和封膠機，還採買食材。Ben 從中午十二點開始手工製作，由於中間出了一點狀況，直到晚上 10 點才大功告成。

感謝施雪紅老師總是給予正能量，我提到 Ben 還有很大的進步空間，他說：「小朋友拿到餅乾就開心。」我說：「下次，Ben 想做不一樣的。」他回應：「讓 Ben 自由創作。」我說：「這次過程中有些小狀況，請先試吃。」隔了 3 分鐘，他馬上打來說：「太好吃，太棒了。」

我知道，Ben 不是最好最棒的，但只要給他創作空間，並不斷鼓勵他，相信他一定會變得更厲害。**我始終認為，成績好不好不是最重要的，品格教育和態度才是關鍵。也許是因為我從小成績並不突出，但如今卻能在職場上適應良好，能夠承受壓力、面對挫折的韌性才是我最大的競爭優勢。**因此，我只希望 Ben 平安、快樂、健康地成長，選擇所愛，愛所選擇。

兒子的成績不是頂尖，與明星學校無緣，但他喜歡烹飪和製作甜點，我與先生也尊重他的熱情和興趣，沒有強迫他一定要考高中，而是讓他選擇有關餐飲的科別。學校教得不錯，他已經考取中餐丙級證照和丙級烘培證照。每逢家人生日，Ben 會親手製作蛋糕當作禮物，從最基礎的海綿蛋糕、巧克力蛋糕、芒果水果蛋糕，甚至玫瑰蛋糕、綠葡萄慕斯蛋糕，都難不倒他。

支持孩子的選擇，驅動生命熱情

雖然廚師這條路很辛苦，也不是最賺錢的行業，但我們尊重孩子的選擇，興趣才是最重要的，有了熱情，才能驅動生命。兒子選擇一條「冷門」的道路，女兒彤恩也很有自己的想法。他從小就

熱愛畫畫，長大後更瘋狂迷上動漫和動畫，打扮起來就像個日本女孩。高中畢業後，無論我們多捨不得，如何「威脅恐嚇利誘」或是「情緒勒索」，他強大的意志力遠遠超出我的想像，百分之百毫不動搖，堅持離開我們，獨自前往日本念書。

所以，我們也放手了。希望他永保天真善良的赤子之心，勇敢追夢，美夢成真。回顧臉書，看到他小時候寫的：「辛苦的媽咪……媽媽不常打我，也不會罵我，因為他覺得打罵不能讓我ㄅㄨˋ事，只會讓我哭和ㄐㄩˇㄙㄤˋ 而已。」

我從小尊重他的選擇，似乎也訓練出他非常獨立的個性。記得有次我要到台北出差，順便揪他一起去日本交流協會領簽證。我和他一起搭高鐵、轉捷運，但因為工作安排，無法全程陪同，他必須獨自搭捷運到日本交流協會。和他「分手」後，我走出捷運車廂，回頭望了還在車廂裡的他，心中不免有些心酸：「他到底行不行啊？」而且領到簽證後，還得自行搭捷運，再轉高鐵回新竹。「我這麼聰明！」他說。看著他自己查詢捷運地圖和目的地，我選擇相信他，殘忍地訓練他獨立，畢竟到日本，他也必須「獨當一面」。果然，一個小時後，他傳來訊息，告訴我領到簽證了。我馬上回他：「好棒，愈來愈獨立了。」接近中午，他說已經平安到家了。

相較於擔憂他、質疑他，我選擇相信他、肯定他，讓他更有自信。

和女兒從衝突到理解，他要的是陪伴

也因為女兒很獨立，很有自己的想法，尤其在青春期，我們

偶爾會有意見不合的時候。他從日本回到台灣過暑假，跟我說了 N 次，想去買衣服。於是我幫他設計行程：家族餐敘後，爸比先載他去店家，他可以先試穿衣服，預計一個小時後，我再去接他付款。家族餐敘結束時，他突然說：「不要去了。」我問：「為什麼？」他說：「因為只有他自己一個人，不想去。」我說，弟弟也是這樣，自己先逛，媽咪最後幫忙挑選，再付款。

他堅定地回應：「我。不。要。」當下，我的不滿情緒已經開始累積。

就在此時，爸比竟然沒有把車開到店家，而是直接往回家的路上。女兒見機立刻說：「不順路，我們回家吧！」聽到這裡，我說話開始高分貝：「是你自己說了 N 次要去，現在又不去。你講的話，媽咪都很重視。到底要不要去？要就要，不要就不要。可以勇敢表達自己的意見嗎？」聽到我大聲說話，他開始飆高音：**「不要把你的個性，加到我身上！」「我和你不合。」**這兩句話好傷人。

我冷靜想想，自己到底在氣什麼？其實，我生氣的原因有兩個，第一，他明明很想逛街，卻放棄？為什麼他猶豫不決，一下子要，一下子不要。我的個性就是要勇敢表達自己的意見，捍衛自己的權益，不拖泥帶水，我氣他「不像我」。第二，我生氣的原因是，我太精算自己的時間，這一個小時他逛街，我去做我的事，互不衝突，但他想要的，也許是我的「陪伴」。

冷靜下來後，我再問他一次：「要不要去買衣服？」他還是說：「不要，我自己去，不要麻煩別人。」我說：「媽咪陪你去。」他

撒嬌地說：「好吧！」

於是，我們一起去逛街。我向他道歉；「媽咪剛才不該生氣，但媽咪希望你『不要一直為別人想，要勇於表達自己的意見。』」他是否完全理解，我不知道。

逛了一個半小時，我幫他挑的衣服，他通通不要，最後只試穿了幾件，買了一件上衣和一條褲子。

從時間管理的角度來說，我「浪費」一個半小時；就功能性來說，也「無意義」，因為我挑的衣服，他通通拒絕。但他要的是「陪伴」，這一點是無價的，也是最珍貴的。

⚡ **能量站**

培養孩子學會感恩，尊重他們的興趣，選擇所愛，愛所選擇，才能激發生活的熱情，看到自信閃閃發光的孩子。

不斷創新學習，
成為更好的自己

讓我們停下腳步的，往往不是困難本身，而是對困難的想像。

在中醫大新竹附醫服務兩年後，覺得自己的醫療專業能力還可以再加強，在清華大學學姊黃詩琪的引薦，和科管院執行長林世昌的鼓勵下，我決定送自己一份 50 歲的生日禮物——申請進入清華大學科管院健康政策與經營管理碩士在職專班。當時，我在臉書上寫道：「我到底在幹嘛？都 50 歲了，幹嘛要上進？幹嘛還要念書啦？幹嘛要這麼累？25 年沒讀書ㄟ。當過三立電視台政治組副主任、機要祕書、文化局長、執行長，還需要學管理？幾經掙扎，還是決定走出舒適圈，充實學習，自我挑戰，拓展人脈，再度斜槓。選擇所愛，愛所選擇。」

如今，再回首當年的起心動念，感謝當年的自己跳出舒適圈接受挑戰。在清大就讀在職專班，讓我更加謙卑，更愛吸收跨域知識，並將所學運用在工作領域。

自我成長，獲取獨立思考紅利

在清華大學的兩年學習歷程中，最令我驚訝的是，這段旅程不僅讓我保持不斷學習的動力，還讓我持續追求創新和新知，每個領域都有專業，而我愛上跨域學習。即使畢業後，我仍繼續旁聽清華

大學的課程，如數位經濟與法律、商務溝通、人力資源管理、溝通力和領導力等課程。不只愛上實體課，我也安排不少自費的線上課程，下班後吃完晚餐，繼續善用時間學習。

有人可能會問，工作已經很累了，還要上課，傷腦勞力，到底值不值得？我學到的最大收穫是——獨立思考的紅利。在清華大學，老師採用哈佛商業個案教學，透過個案訓練邏輯分析能力，並從教授和講者身上吸取許多專業知識的「葵花寶典」。更重要的是，和高手學習，並勇敢表達自己的觀點。每堂課幾乎都有作業，作業內容就是觀點和感想。不論在工作或生活上，我已經練就上完一堂課、看完一本書，追完一齣劇、看完一部電影，我都能快速輸出，寫下至少三個屬於自己的觀點。

學習高效管理時間的複利

在清華大學上課，我也學會善用零碎時間。除了週六或平日上課外，還有大量的報告、簡報和論文需要完成，這段時間大大增加了我的簡報力和溝通力，而工作、學業和生活多頭燒，也把我「逼」到成為管理時間高手。每次上課，我習慣邊聽老師講課，邊記錄重點或金句，甚至開始邊聽邊寫「作業」，回家稍微修改就能交稿。在時間緊迫下，就算三分鐘對我也非常珍貴，把握這些零碎時間，可以聽一小段 Podcast，或閱讀幾頁書……讓我從中學會如何高效管理時間。學習，讓我成為更好的自己。

當然，上課必須主動發問，學會如何精準提問，並且問對人，

表達自己的想法。訓練獨立思考，學以致用，將工作經驗和學術理論相互印證。**學習，讓我明白學無止境，養成喜愛閱讀的習慣，不僅拓展人脈存摺，還交到好朋友。透過不斷創新學習，每天有新事物可以學習，不會胡思亂想，接受挑戰，成就自我，不斷斜槓，創造與他人競爭的優勢。**

清華大學畢業後，一定要做的三件事：

1. **持續創新學習**：畢業後，清華大學提供「修學分吃到飽」的機會，費用0元。我繼續旁聽領導力、人力資源管理、商務溝通等課程，這些知識在職場中非常實用。

2. **和師長保持良好關係**：「一日為師，終身為父。」我的論文指導教授丘宏昌桃李滿天下，他的學生成為重要的人脈資產，每年「丘門」師生高峰會，丘老師希望透過聚餐，讓各行各業高手互相認識交流、整合資源。他常說：「能跟所有學長姐一起開心交流學習，是他最榮幸的事。」期勉我們做個終身學習，讓人尊敬的清華人。

3. **繼續參加社團**：有活動、有事做，還能活化大腦。尤其是吃喝玩樂、參訪企業等活動，有助於打造人脈。

⚡ 能量站

不斷創新學習，累積獨立思考複利和時間管理複利，接受挑戰，不斷斜槓，成就自我。

驚豔品牌，一出手，就令人 WOW

品牌行銷公關執行長張宜真，分享從記者、文化局長到執行長，
6 種創意力，7 大危機變轉機攻略，讓你像鑽石璀璨耀眼

作　　　者／張宜真
繪　　　圖／蔡彤恩
美 術 編 輯／申朗創意
責 任 編 輯／朱妍曦
企 畫 選書人／賈俊國

總　編　輯／賈俊國
副 總 編 輯／蘇士尹
編　　　輯／黃欣
行 銷 企 畫／張莉滎、蕭羽猜、溫于閎

發　行　人／何飛鵬
法 律 顧 問／元禾法律事務所王子文律師
出　　　版／布克文化出版事業部
　　　　　　115 台北市南港區昆陽街 16 號 4 樓
　　　　　　電話：(02)2500-7008 傳真：(02)2500-7579
　　　　　　Email：sbooker.service@cite.com.tw
發　　　行／英屬蓋曼群島商家庭傳媒股份有限公司城邦分公司
　　　　　　115 台北市南港區昆陽街 16 號 8 樓
　　　　　　書蟲客服服務專線：(02)2500-7718；2500-7719
　　　　　　24 小時傳真專線：(02)2500-1990；2500-1991
　　　　　　劃撥帳號：19863813；戶名：書蟲股份有限公司
　　　　　　讀者服務信箱：service@readingclub.com.tw
香港發行所／城邦（香港）出版集團有限公司
　　　　　　香港九龍土瓜灣土瓜灣道 86 號順聯工業大廈 6 樓 A 室
　　　　　　電話：+852-2508-6231　　傳真：+852-2578-9337
　　　　　　Email：hkcite@biznetvigator.com
馬新發行所／城邦（馬新）出版集團 Cité (M) Sdn. Bhd.
　　　　　　41, Jalan Radin Anum, Bandar Baru Sri Petaling,
　　　　　　57000 Kuala Lumpur, Malaysia
　　　　　　電話：+603- 9056-3833　　傳真：+603- 9057-6622
　　　　　　Email：services@cite.my
印　　　刷／韋懋實業有限公司
初　　　版／2025 年 01 月
定　　　價／380 元
I S B N／978-626-7518-73-1
E I S B N／978-626-7518-69-4（EPUB）

城邦讀書花園　布克文化
www.cite.com.tw　www.sbooker.com.tw